国家出版基金项目
NATIONAL PUBLICATION FOUNDATION

Book Series of Intangible Cultural
Heritage in Northeast China
Folk Costume

刘铁梁 王凯旋 主编

『十三五』国家重点图书出版规划项目

东北非物质文化遗产丛书

民间服饰卷

张丹卉 著

东北大学出版社

图书在版编目（CIP）数据

东北非物质文化遗产丛书. 民间服饰卷 / 刘铁梁，王凯旋主编；张丹卉著. — 沈阳：东北大学出版社，2018.2

ISBN 978-7-5517-1826-4

Ⅰ. ①东… Ⅱ. ①刘… ②王… ③张… Ⅲ. ①非物质文化遗产—介绍—东北地区②民族服饰—介绍—东北地区 Ⅳ. ①G127.3②TS941.742.8

中国版本图书馆 CIP 数据核字（2018）第 038250 号

出 版 者：东北大学出版社
　　　　　　地址：沈阳市和平区文化路三号巷 11 号
　　　　　　邮编：110819
　　　　　　电话：024-83687331（市场部）　83680267（社务部）
　　　　　　传真：024-83680180（市场部）　83687332（社务部）
　　　　　　网址：http://www.neupress.com
　　　　　　E-mail:neuph@neupress.com
印 刷 者：辽宁新华印务有限公司
发 行 者：东北大学出版社
幅面尺寸：170mm×240mm
印　　张：14
字　　数：244 千字
出版时间：2018 年 2 月第 1 版
印刷时间：2018 年 2 月第 1 次印刷
选题策划：郭爱民
责任编辑：孙　锋　牛连功　汪彤彤
责任校对：孙德海
装帧设计：Amber Design 琥珀视觉

ISBN 978-7-5517-1826-4　　　　　　　　　　定　价：60.00 元

 总 序

　　由我国著名的民俗学与文化人类学专家、中国民俗学会副理事长、北京师范大学博士生导师刘铁梁教授，辽宁省民俗学学科带头人、辽宁社会科学院文化学研究所所长王凯旋研究员共同主编的《东北非物质文化遗产丛书》共10卷，各分卷依次为：民间文学卷、民间礼俗卷、民间信仰卷、民间服饰卷、民间岁时节日卷、民间手工技艺卷、民间建筑技艺卷、民间表演艺术卷、民间饮食技艺与习俗卷、民间体育技能与传统医药卷。这套丛书已经被列为"十三五"国家重点图书出版规划项目，它的出版填补了国内学术界和出版界有关东北地区历史文化发展长河中非物质文化遗产研究领域的一项空白，是对东北地区社会历史、社会民俗与社会文化的一项带有总结性的学术研究成果。丛书的作者中荟萃了北京师范大学、辽宁社会科学院、辽宁大学和辽宁师范大学等单位长期从事历史文化与社会风俗研究，尤其长于东北地方历史文化研究的专家学者。所有作者均为在所著专题方面学有专长的学者、教授和博士。

　　东北地区地处我国的东北边陲，其历史文化表现为独特鲜明的边塞文化特点。辽西红山文化的发现，证明了辽宁地区或东北地区为我国远古文化的发祥地之一。从先秦至明清，东北各民族同胞的历史文化一脉相承，在清代时达到了历史的高峰。中原文化的传入及其与东北当地文

化的融合，铸就了中华民族独特的灿烂辉煌的东北地域文化，其中既有物质文化成就，亦有非物质文化成果。然而，就学术界和文化界而言，总结东北人民这份珍贵的非物质文化遗产工作，却做得少之又少，这与东北地区历史上长期存在并发展的地域民族民俗文化和社会物质精神文化的成果及事实存在相比，是极不协调、极不相称的。对东北历史文化的描述还仅停留于个别事件的宏观概括和简单叙述，还只是就政治及军事沿革的一般考察，而对于诸如东北地区民风民俗和民间文化的全景式与整体性的研究论述则至今阙如。个别的文字记载和描述也多为对某一方面或某一地区简单现象的罗列，且常常重复、零散与口头化，民间自发的口口相传的口述史实居多。即便如此，对这些口述史实记载或传承的个体也是零散的与非文字性的，东北非物质文化遗产所面临的最突出问题是文字史料留存极少，现有的文本介绍与文字出版也多是零散而不系统的。与之形成鲜明反差的是，东北地区大量存在并经由历史长期流变而以物态化和非物态化形式存续的文化遗产内容却是极其丰富翔实的，这是一笔不容遗失的"祖业"，是千秋财富。为了传承历史、面对未来，我们有必要、有可能也有条件对东北非物质文化遗产作全面系统的整理、保存与传承。这是学人的重任，也是出版人的重任。

这套丛书从提出选题创意到否定选题，再到提出新的选题视角，到再次补充、修订和完善，经过反复多次的研讨和论证，最终确定了10个最具代表性的研究专题。它们代表了或在相当程度上代表了东北非物质文化遗产所应涵盖和阐述的内容，几乎每卷都是首次系统地总结了该卷所要和所应论及的内容，有些内容的阐释具有填补空白的意义。

《东北非物质文化遗产丛书》突出而鲜明的特色，是它的地域性、民族性与兼容性，而这是以往任何一部介绍东北历史文化的论著都难以或无法达到的。在党中央、国务院作出关于振兴东北老工业基地重大决策部署的时代背景下，抢救和传承东北非物质文化遗产、铸就东北文化软实力、提升东北人民的文化自信，是我们组织撰著和出版这套丛书的直接动力。

这套丛书与目前其他省份已问世的"非遗"丛书的显著区别在于，上述10卷内容没有泛泛而谈衣食住行和婚丧嫁娶等一应民俗事项，而是充分关照了东北地域文化与民族文化特点，如民间礼俗、民间手工技艺、民间建筑技艺、民间体育技能与传统医药等。诸如此类，都体现了东北"非遗"丛书鲜活的地域特色与民族风情。

《东北非物质文化遗产丛书》的撰著和出版是一项筚路蓝缕性的文化

工程，它对于正在进行的东北文化振兴将作出具有历史意义的贡献。尽管它仍会存在一些不尽如人意之处，宏大的东北非物质文化遗产也绝非10卷本300余万字所能涵盖的，但作为全景式、广角度展现东北"非遗"的开山之作，我们仍然积极期待它的出版问世。这套丛书的撰著和出版，体现了创新精神、严谨态度和科学论证，是做了前人所未做的事。它在一个历史阶段上完成了对东北地区非物质文化遗产的历史性学术总结。

王凯旋

2018年2月

前言

今辽宁、吉林、黑龙江三省，地处我国的东北方，自古以来就泛称"东北"。这里山岳雄伟，河流纵横，土地肥美。三大山系布列在西北、北部和西南三面，分别是黑龙江省西北部的大兴安岭山地，呈北向南走向；与大兴安岭相对应的是吉林省境内的长白山地，呈东北向西南走向，延续到辽宁省的辽东半岛部分称作千山山脉；在大兴安岭和长白山之间，位于北部的是小兴安岭山地。围绕着三大山系又形成了三大水系，北部的黑龙江与乌苏里江水系，包括牡丹江、嫩江、松花江，北流注入鄂霍次克海；西南部发源于长白山的图们江、鸭绿江水系，流向西南，注入黄海；辽宁省境内的辽河、太子河、巨流河等向南流，汇入渤海。受河流的冲刷，形成三大平原，北部是由黑龙江、松花江、乌苏里江冲积而成的三江平原，中间是由松花江和嫩江冲积而成的松嫩平原，南部是由辽河冲积而成的辽河平原。

东北自古以来就是个多民族聚集的地区。这些民族或射猎于山林，或捕鱼于江河，或农耕于田野，他们为保护身体、适应自然环境，利用自然资源创造了服装，并在漫长的岁月中形成了各自的服饰文化。这些服饰文化具有鲜明的地域特色和民族特色。

就服饰文化的普遍意义而言，它具有诸多功能，如满足生存需要的保护性功能、对自然环境的适应性功能、确定社会角色（包括民族身份）的功能、记录和阐释历史的功能、感应天地神灵的幻化性功能（如萨满服饰）、表达审美价值取向的功能等。在东北诸民族服饰文化中，这些功能兼而有之，其中对自然环境的适应性功能表现得最为鲜明。东北地区冬季漫长而寒冷，人们创造出狍皮服饰、鹿皮服饰、羊皮服饰；在黑龙江、松花江、乌苏里江三江汇合处，河流纵横，盛产各种鱼类，赫哲人发明了鱼皮服饰。服饰对自然环境的适应性功能是人类智慧的表现。

本卷以东北三省的汉族、满族、蒙古族、朝鲜族、赫哲族、鄂伦春族、鄂温克族、达斡尔族等民族为研究对象，阐述各民族服饰的发展演变，服饰的种类、样式及制作工艺，服饰的文化内涵等。以上述八个民族为研究对象，是因为东北三省是他们的世居地或主要居住区。此外的其他民族，如锡伯族、回族等，考虑到东北不是其主要聚集区，故未列入本卷的研究范畴。如研究锡伯族服饰，应以新疆察布查尔锡伯族自治县的锡伯族为研究对象；研究回族服饰，应以宁夏回族自治区的回族为主要研究对象。

本卷介绍的八个民族，多数在服饰上存在着共性，如在古代多以动物皮毛为服饰原料；不论男女，都喜欢身穿袍服，脚蹬靴子；蒙古族与满族的长袍皆为箭袖。所存共性，一是因为他们所处的自然环境与生产方式相同或相似，故而形成的文化相类；二是因为各民族之间的文化相互渗透和影响。服饰在共性之外又存在着鲜明的个性，如赫哲族，虽然也用狍皮、鹿皮制作服饰，但更典型的还是他们的鱼皮服饰；朝鲜族因为是跨境民族，承袭了朝鲜半岛李氏朝鲜的服饰，因此独具特色。

自近代以来，随着社会的发展和各民族之间文化的融合，东北地区的少数民族多已放弃了本民族的传统服饰，很多民族传统服饰的制作技艺已濒于失传。服饰是人类的创造，是智慧的结晶。一个民族的服饰承载着这个民族的历史，是该民族的一种文化符号。目前，我国已将服饰列入非物质文化遗产的风俗类别之中，本卷中各民族的服饰多分别入选国家、省、市级的非物质文化遗产名录。它们是中华民族服饰文化宝库中重要的组成部分。

现在，随着人们对传统和自然的回归，那些已渐被遗忘的民族服饰一定会重放异彩，在现代服饰中重现它们的价值。

　　本卷中的部分图片来源于仓铭新，李薨，曹喆编著的《中国北方古代少数民族服饰研究6·元蒙卷》、满懿著的《旗装奕服·满族服饰艺术》、张琳著的《赫哲族服饰艺术》、鄂晓楠与鄂·苏日台合著的《使鹿部落民俗艺术》、吕萍与邱时遇合著的《达斡尔萨满文化传承》等著作中，在此一并表示感谢！

著者

2018年1月

第一章　东北民间服饰概述

第二章　东北民间汉族服饰

第三章　东北民间满族服饰

第四章　东北民间蒙古族服饰

第五章　东北民间朝鲜族服饰

第六章　东北民间赫哲族服饰

第七章　东北民间鄂伦春族服饰

第八章　东北民间达斡尔族与鄂温克族服饰

第九章　东北民间萨满服饰艺术

参考文献　　　　　　　　　　　206

第一章
东北民间服饰概述

东北三省即辽宁省、吉林省和黑龙江省，地处祖国的东北方，自古以来就泛称"东北"。东北有着众多的民族，他们是从远古时代的各个部族群历经漫长岁月的分化组合之后形成的。从族系来看，主要包括以下几种：肃慎族系，在不同的历史时期有不同的称谓，肃慎、挹娄、勿吉、靺鞨、女真；濊貊族系，包括夫馀、高句丽、沃沮等族；东胡族系，包括东胡、乌桓、鲜卑、契丹、室韦和蒙古等族。除了这些少数民族外，还有汉族。汉族主要聚居在今辽宁省，明朝时，更是筑起一道辽东边墙，将辽河平原地区的汉族和其他少数民族隔离开来。

在东北广袤的大地上，数千年来，农耕、畜牧、渔猎三种经济形态并存。

在六七千年前，在东北的南部、中部就出现了程度不同的原始农业生产。到了四五千年前，辽河流域的农业已经取得了长足发展，这一地区的汉族是农业生产的主要劳动者。

采集、渔猎是人类共同走过的历程，在今吉林省、黑龙江省，那里有江河湖泊、崇山密林，主要是少数民族的栖息地，他们从事渔猎或畜牧，也有的兼事农耕，如满族的先世女真以及赫哲、鄂温克、达斡尔、鄂伦春等民族。

畜牧业在东北分布很广，畜养的有马、牛、羊、猪等，其中主要以养马、羊为主。明朝时，女真人就大量养马和羊。今与辽宁省西部比邻的内蒙古高原，是草原地带，古时这里的东胡族人从事畜牧业。

不同的经济形态造就了不同的文化形态，具体表现在服饰上，存在着极大的差别。

第一节　东北民间服饰遗产形态类型

东北民间服饰留存下来的实物已经不多了，传统的服饰制作技艺已经处于濒危的境地，这些遗产从形态上可分为农耕民族的服饰形态、游牧与渔猎民族的服饰形态。

一、农耕民族服饰形态

农耕民族用来制作服饰的衣料主要有麻、蚕丝、棉。人们最早用于纺织的材料是野生的植物纤维，其中有葛、苎麻、大麻等。这些植物经过剥取、敲打、浸沤、脱胶、劈分等工序而成为线，然后用纺轮旋转加捻成为纱，再编织成布，即麻布。麻布有精粗之分，精者多用于贵族，粗者用于百姓。

当人们发现蚕丝的作用之后，便开始养蚕缫丝，经过不断地探索，纺织出纱、罗、缎、锦、绢、绸、绒、绫等众多品种，以适应制作不同的服饰。历朝历代，丝织产品主要用于贵族，百姓用之甚少。

棉布在中国出现较晚，自元代始，棉花的纺织技术在江南普遍传播，旋即在中原地区普及，后来者居上，棉布成为服饰的主要材料。随着中原汉族进入东北，棉花的种植和纺织技术也进入东北，并成为这一地区农耕民族最主要的服饰材料。农耕民族的家庭生产模式是男耕女织，东北地区农户家家有纺车和织布机。家织布比较粗，用作男装的主要有褡裢布和毛青布；用于女装的有青花布，即用靛蓝印染花纹，有白底青花，有青底白花。棉布易于印染，穿着舒适，因而在日常生活中很快取代了麻布，只有在夏天或制作丧服时还使用麻。

在服装的式样上，具有特点的是衣襟的右衽，即衣襟由左向右掩。徐珂在《清稗类钞·服饰》中记载："俗以右手为大手，因名右襟为大襟。"和右衽相对应的是一些少数民族的左衽，即衣襟由右向左掩。古代常把"右衽"和"左衽"作为区别华夏与夷狄的一个标志。在服饰色彩上，无论男女均以青色、蓝色为主。

二、游牧与渔猎民族服饰形态

游牧与渔猎民族的服饰，不论材料还是形制都与汉族的服饰截然不同。从服饰材料来看，游牧与渔猎民族的服饰主要以动物皮毛为主，这与他们的生活环境和生产方式密切相关。

赫哲族生活在松花江下游与黑龙江、乌苏里江构成的"三江平原"和完达山一带，这一区域是富饶的天然渔场和逐猎之地。赫哲人吃鱼肉、穿鱼皮衣，他们掌握了一套熟制鱼皮的技艺，用柔软的鱼皮制作各种服饰。

鄂伦春族居住在大兴安岭山林地带，曾经被称为"林木中的百姓"。达斡尔族的先世分布在黑龙江以北、外兴安岭以南一带，是狩猎民族。鄂温克族居住在黑龙江上游的石勒喀河一带，被称为"住在大山林中的人们"。这三个民族生活环境相似，生产方式相似，饲养驯鹿，以狩猎为生，他们的服饰全部用动物皮毛制作，他们尤其擅长制作狍皮服饰，有狍皮袍子、狍皮裤、狍皮坎肩，甚至用狍子头皮制作狍头帽。

明代的建州女真人也是渔猎民族，擅长骑马射箭，行围捕猎，其服饰也离不开皮毛。明万历二十三年（1595），朝鲜人申忠一送文书到建州卫，他见到努尔哈赤及其诸将的穿着是："头戴貂皮……身穿五彩龙纹天益，上长至膝，下长至足，皆裁剪貂皮，以为缘饰。诸将亦有穿龙纹衣，缘饰则或以貂、或以豹、或以水獭、或以山鼠皮。护领以貂皮八、九令造作。"再往下看，见努尔哈赤"足纳鹿皮兀剌鞋"。在申忠一的描述中，努尔哈赤从头到脚一身皆着皮毛。

在服装的式样上，上述民族有相同之处，就是都身穿宽大的长袍，脚蹬乌拉①。套裤是一种形制特殊的服装，没有裤腰，只是两个裤腿，裤腿的上端有带子可以系在腰间，赫哲、鄂温克、达斡尔、鄂伦春等民族皆穿这种套裤。服饰的颜色多为皮料的自然色。

第二节　服饰遗产形态类型地域分布

东北地区服饰遗产形态有着鲜明的地域分布，这与东北的自然地理环境和气候有着直接的关系。地理环境是人类赖以生存和发展的先决条件，尤其是在生产力不发达的古代社会，这一点表现得更突出。

东北的西北部是大兴安岭山地，呈北向南的走向，向南接续燕山山脉。与大兴安岭对应的是吉林省境内的长白山地，呈东北向西南走向，进入辽宁省境内的称为千山山脉。连接大兴安岭北端和长白山北端，呈东北向西南走向的是小兴安岭；围绕着三大山系也形成了三大水系，即黑龙江与乌苏里江水系，图们江与鸭绿江水系，辽河、太子河及巨流河等南部水系；在大小兴

---

① 过去也写作"靰鞡"。——编者注

安岭和长白山地之间，由北至南分布着三大平原，东北部是由黑龙江、松花江和乌苏里江冲积而成的三江平原，中间是由松花江和嫩江冲积而成的松嫩平原，南部是由辽河冲积而成的辽河平原。

在大小兴安岭的北部山地和黑龙江及乌苏里江流域，鄂伦春、鄂温克、达斡尔、赫哲等族世世代代生活在这里。这里山高林密、河流纵横，虽然有着富饶的三江平原，但因为极寒，不适合农业生产，人们以狩猎和捕鱼为生，狩猎给他们带来了充足的动物皮毛。

服装的首要功能就是满足人类生存的需要，大小兴安岭地区，冬季漫长，气候极寒，人们常年在茫茫林海中生活，御寒保暖成为最主要的问题。皮毛具有极强的御寒功能，能够满足保暖的需求，智慧的人们据此发明了利用皮毛制作服饰的技艺。

在东北地区的中部和南部，有大兴安岭、长白山地和松嫩平原。明代时，这里分布着海西女真人和建州女真人，他们以渔猎为主，兼事农耕。由于临近明朝边地，与明朝边墙内的汉族有了较早的往来，通过种种途径能够获得布帛、衣服等物，同时气候又不似黑龙江流域那样高寒，所以人们穿着用纺织品制作的服饰，当然，服饰中也少不了动物皮毛。也就是说，在这一区域的人们，其服饰材料兼具纺织品和皮毛两种。在服饰的式样上，为方便骑马射箭，采用了窄腰身、箭袖的形制。

在东北地区南部的辽河平原上，居住着从事农耕的汉族。这里气候相对温暖，平原土地肥沃，适合农业生产。他们耕田纺织，自给自足，用自家纺织的布帛缝制服饰，为方便农业生产，多是上穿衫或袄，下穿裤。

服饰形态类型的区域分布，一方面反映出服饰与自然地理环境的关系，另一方面也显示了人类征服和利用大自然的聪明才智。

第三节 服饰遗产与东北区域社会历史

一、地处边地，服饰原始

东北地处边地，远离中原，在历史上属于"化外"之地。秦朝统一六国，行大一统制度。《史记·秦始皇本纪》载：秦朝"一法度衡石丈尺，车同轨，书同文字，地东至海暨朝鲜，西至临洮、羌中，南至北向户，北据河为塞，并阴山至辽东"。辽东即辽东郡，郡的治所在今辽宁省辽阳市。《史记·蒙恬列传》载：秦朝的长城"起临洮，至辽东，延袤万余里"。显然，秦朝大一统之天下没有包括今天的吉林和黑龙江两省。唐朝在东北设立黑水都督府，管辖范围相当于今之黑龙江中下游，由当地部落首领任都督和刺史职务，中央也派职官到那里任长史。明朝设置奴儿干都司，官员由辽东都司下辖卫所简派，奴儿干都司只存在30余年，终因路途遥远等原因名存实亡，最后销声匿迹了。明朝还在东北的广大地区设置卫所，以女真人酋长为卫所长官。尽管明朝在黑龙江流域一度设官管辖，但是本着"华夷之辨"的原则，在辽东修筑了一道边墙，把少数民族限隔在边墙之外。今天的吉林和黑龙江两省对于当时的中原政权而言是塞外，是边陲，是蛮荒之地，概因为东北地处边疆，远离发达的中原文化，并且这里寒冷，冬季漫长，冰天雪地，生存环境恶劣，文化不发达。

正因为东北远处边疆，远离中原，所以无论文化还是经济都非常落后，致使其服饰在相当长的历史时期内处于原始状态。这种原始的状态表现在诸多方面，如以鱼皮、鹿皮、狍皮等作为制衣的材料，缝制服饰的线是用动物的筋制成。染色工艺原始，服饰基本保持动物毛皮的本色，若需要染色则用烟熏或用织物花卉等。服饰结构简单，种类较为单调，远不及中原各类服饰丰富多彩、色彩纷呈。

二、多民族分布，服饰多样化

东北历来是多民族的聚居地，如前所述，在历史上，曾经存在三大族系，就今天而言也有汉族、满族、蒙古族、朝鲜族、鄂温克族、达斡尔族、鄂伦春族、赫哲族等几大民族。这些民族分布在不同的地域，其来源也不相同。汉族主要分布在东北的南部地区，主要以农业生产为主；蒙古族分布在东北的西北部草原地带，是游牧民族；朝鲜族是跨界民族，在历史上的不同时期，从朝鲜半岛迁移到我国的东北长白山一带，他们主要从事农耕；满族的先世——女真人分布地域广阔，明朝按其分布地域将其分为三大部，由南向北依次是建州女真、海西女真、黑龙江女真。鄂温克、达斡尔、鄂伦春、赫哲等族在明代时曾经被泛称为野人女真或黑龙江女真，他们游牧渔猎在大小兴安岭、黑龙江、乌苏里江及松花江流域。

一个民族的服饰呈现出的形态取决于两大因素，一是自然环境，二是其历史和文化。

首先，服饰与人们生存的自然环境密切相关，地理、气候、物产等自然条件无不影响和制约着服饰的形态。如蒙古族，游牧在草原上，草原海拔高，地处北方，气候寒冷干燥，风沙大，他们用羊皮缝制成宽大的袍服，以此来抵挡风寒；为方便在草地和沙地上行走，他们穿高筒靴，并且靴尖上翘。

其次，民族历史文化对服饰产生影响。朝鲜族来自朝鲜半岛，他们的服饰崇尚白色，有"白衣民族"之称。男性上身穿短衣，下身穿阔裆裤；女性上衣短小，裙子宽大。这种服饰承袭于朝鲜半岛的服饰文化。东北地区的一些民族信仰萨满教，对祖先、图腾和大自然的崇拜在他们的服饰上有充分的表现，尤其是在萨满服饰上。

东北因多民族聚居，所以服饰文化遗产呈现出多样化。

第四节　服饰遗产留存与传承

东北民间服饰文化遗产存留不多，服饰的传统制作技艺面临失传。在联合国教科文组织公布《保护非物质文化遗产公约》之后，2005年，我国国务院颁布了《国家级非物质文化遗产代表作申报评定暂行办法》，并实施了一系列保护非物质文化遗产的措施，各省市县纷纷成立了保护非物质文化遗产的机构，非物质文化遗产的保护被提到议事日程，逐渐受到重视。

一、入选国家级非物质文化遗产名录的服饰及制作技艺

在东北三省，入选国家和省级非物质文化遗产名录的服饰有如下几项：

① 赫哲族鱼皮制作技艺，2006年，获批第一批国家级非物质文化遗产名录，申报地区是黑龙江省，国家级传承人是尤文凤（女，赫哲族）。

② 朝鲜族服饰，2008年，获批第二批国家级非物质文化遗产名录，申报地区是吉林省延边朝鲜族自治州。

③ 鄂伦春族狍皮制作技艺，2008年，获批第二批国家级非物质文化遗产

名录，申报单位是黑龙江省黑河市爱辉区，国家级传承人是孟兰杰（女，鄂伦春族）。[①]

二、服饰遗产在现实生活中的应用

民族服饰遗产承载着该民族的历史与文化，是研究这个民族的重要材料之一。除此之外，它在今天的现实生活中也有着重要的作用。

首先，对于今天的服装行业而言，这是一个取之不尽的宝库。今天人们更看重的是服饰的美身功能。美化身体、美化生活是人们共同的愿望。服饰构成的形式要素主要包括形、色、图案。这些在东北民间服饰遗产中皆可以找到足以借鉴的元素。如朝鲜族女装，其上衣短小，长至腰间，裙子宽大，长及脚面，这种上小下大的造型给人以稳重之感觉，同时在视觉上拉长了人的身高。短上衣和长裙在颜色上或者形成反差对比，或者同属一个色系，给人以美的享受。在赫哲、鄂温克、达斡尔、鄂伦春等民族的服饰上刺绣着美丽的图案，有云卷纹、动物纹、花草纹等，具有浓郁的审美情趣。这些皆可为今天的服饰提供借鉴。

其次，民间服饰遗产是发展民族经济的资源之一。如近年来，赫哲族的鱼皮制作技艺就给赫哲人带来了经济效益。赫哲人在传统鱼皮制作技艺的基础上又有了发展和创新，除鱼皮衣之外，生产出多种形式的鱼皮工艺品。人们慕名而来，观看、欣赏和购买鱼皮服饰及工艺品，带动了当地旅游业的发展。

三、服饰遗产传承情况

服饰遗产的传承情况有喜有忧。喜的是近年来东北三省的各级政府对非物质文化遗产越来越重视，成立相关的机构，组织非物质文化遗产博览会，帮助传承人解决传承中遇到的资金、人员等问题。同时，在民间，人们看到了服饰遗产的经济价值和文化价值，有更多的人加入到保护遗产的事业中来，如使鹿部落鄂温克族的年轻一代，他们拥有了现代工具、技术，在传统服饰和工艺品中添加进现代时尚的元素，制作的工艺品受到游客的喜爱。

[①]　民族文化宫展览馆：《中国少数民族非物质文化遗产系列丛书·内蒙古、东北分册》，216，267，276页，沈阳，辽宁民族出版社，2015。

　　但是，民间服饰传承仍然面临着种种困境。第一，缺乏政策法规支持。长期以来，非物质文化遗产保护工作在政策上还是空白，致使保护工作无法可依，处于无规、无责状态中。第二，缺乏规范的传承体系。有的非物质文化遗产是独门绝技，往往人亡艺绝。随着时间的流逝，许多民间艺人年老体弱，对传承心有余而力不足。第三，保护经费投入不够。这是传承保护面临的主要问题之一。目前传承和保护的经费主要靠政府的投入，而政府的这部分投入十分有限，影响了保护和传承工作的正常开展。第四，对人才的培养是传承的关键，在历史上，不论是鱼皮服饰的制作还是狍皮服饰的制作，都是在家族或家庭中由上一辈传给下一辈，那时是因为这种技艺是生活中必须掌握的技能。现在，可以使用各种纺织品制作服饰，或者直接购买，而传统的皮毛服饰制作复杂而且劳动强度很大，年轻一代愿意学习的人不多。

第二章
东北民间汉族服饰

先秦时期，黄帝和炎帝部落的后裔被称为"华夏""诸夏"，构成华夏民族主体部分的是夏、商、周三代，以及后来的齐、楚、燕、韩、赵、魏、秦等诸侯国的人口。自秦汉以后，形成大一统之势，汉民族正式形成。在中国历史上，汉民族创造出了灿烂的文化。

第一节　历史上汉族在东北的分布

西周分封，燕国是在北方建立的封国，它打败东胡，进入辽河流域，设置上谷、渔阳、右北平、辽西、辽东五郡，其中右北平郡辖境约在今老哈河和大凌河上游及滦河中游一带；辽西郡辖境在今河北省乐亭县到辽宁省朝阳、锦州、北票一带；辽东郡辖境在辽河流域至朝鲜半岛北部。秦灭燕，在辽东设置郡县，加强了对东北南部的管辖。随着郡县的设立，汉族陆续进入东北地区的南部。

东汉末年，军阀混战，中原大乱，而辽东偏处一隅，社会相对安定，中原逃难民众从水陆大批北迁，奔向辽东，使辽东人口剧增。中原人口的迁入，不仅带来了比较先进的农业生产技术和经验，而且也带来了先进的文化。《三国志》卷十一载：东汉经学大师郑玄的弟子国渊"笃学好古，在辽东，常讲学于山岩，士人多推慕之"。

经燕、秦、两汉、魏晋几代，东北地区的南部形成了以汉族为主体的多民族聚居地。

隋唐五代时期，中国重新出现了大一统的局面，中原社会比较安定，经济发达，文化进步，因此，从中原到东北的移民不多。这一时期，东北汉族人口虽有增加，但来源是隋唐征高句丽时落伍的士卒和留守的官员。

宋辽金元时期是中国历史上又一段多民族政权并立的时期，这一时期，战事频仍，造成了人口的大流动，东北地区的汉族人口再次激增。辽、宋对峙时，辽政权从中原掠夺了大批汉人，将其迁入辽东。金朝建立后，掠夺汉族人口仍然是其进攻中原的主要目的之一。金灭北宋后，"华人男女，驱而北者，无虑十余万"①。攻陷北宋都城开封后，宋徽宗、宋钦宗二帝及宗室、百官、宫女、宦官、工匠、娼妓等数千人被掠，其绝大多数没能返回中原故乡。元代东北地区的汉族数量远不及辽、金两代，主要原因是战乱造成了人口大量的死亡和流散。元政权曾经把中原地区的汉人迁到东北屯田，但是规模不大。元代，东北的奴儿干（今黑龙江入海口）是流放汉族罪犯的地方。

辽金元时期，汉族人在东北的分布比较广，除了辽东之外，在松花江以及更北的黑龙江入海口处都有了汉族人的足迹。

明清时期，中国复归一统，东北地区的汉族人口也发生了根本性的变化，尤其是在辽东，汉族成为这一地区人数最多的民族。明朝在辽东设立辽东都指挥使司，辽东都司下设25卫、2州，汉族将士合其家属有30余万人②。这30余万人都是明初从中原各地迁来的汉人，他们的迁入为汉族成为辽东的第一大民族奠定了基础。

自后金（清）和明朝开战以来，辽东汉人或被杀或逃亡，人口大幅减少。但自1636年至1642年，清军三次攻入关内，掠夺人口，累计超过百万人。1644年，清军入关，随后清政权迁都北京，辽沈地区的旗人及汉人绝大部分随着清政权迁到了关内。据《清圣祖实录》卷2记载，顺治十八年（1661），奉天府尹张尚贤在其奏疏中描绘辽东道："荒城废堡，败瓦颓垣，沃野千里，有土无人。"为了充实根本之地，清廷颁布《辽东招民开垦条例》，鼓励关内的汉族农民出关开垦田地，设立民治机构安置出关汉民。顺治十年（1653），清政权在盛京地区设立辽阳府（顺治十四年，改为奉天府）及辽阳、海城两县。随着辽东汉人的增加，清政府又开始对东北进行封禁，禁止汉人自由迁入东北，尤其是从乾隆以后，封禁更加严厉。尽管如此，河南、河北、山东等地的汉族人仍然不断地涌入东北，尤其是遇到灾害之年，百姓纷纷"闯关东"，出关外谋生。早期流入的汉人分布在今天的辽宁省境内，随着人口的增加，出现了人多地少的状况，于是，汉族人也开始

---

① 李心传：《建炎元年四月》，见《建炎以来系年要录》，卷4，92页，北京，中华书局，1956。

② 葛剑雄，等：《简明中国移民史》，385页，福州，福建人民出版社，1993。

流向今吉林省境内，主要是吉林省的西部，黑龙江省境内有少量分布。19世纪，沙俄势力向远东扩张，面对沙俄步步进逼的状况，朝廷上下要求开禁放垦、移民实边的呼声越来越高，迫使清廷渐次开放了对东北的封禁，大批汉族涌向了东北。据统计，在清代末期，迁入东北和内蒙古东四盟的汉民人口达1400万人左右，占当地总人口（2100万人）的66.7%。这些汉族人原籍山东的最多，其次是河北、河南和山西，也有少量来自湖南、湖北、四川、云南、贵州等。自此，东北地区的汉族人口超过了这一地区其他民族的总和，成为该地区第一大民族。这些后迁入的汉族和以前定居在这里的汉族及其他少数民族一道，为东北地区的开发做出了贡献。

从清代中后期开始，以汉族为主的东北地区的各个民族，尤其是满族和汉族，经过长期的相互交流和融合，已经发展成你中有我、我中有你的良好局面，在文化上互相学习，在社会风俗习惯上相互影响，包括在服饰上相互借鉴。有的服饰较难分得清楚是汉族的还是满族的，只能认定是地域性的。

第二节　汉族服饰材料

服饰材料是服饰制作的基础。早在新石器时期，中华祖先们就开始了农耕畜牧生活，男人们外出种地和打猎，女人们从事采集、纺麻、养蚕缫丝等工作，纺织毛、麻、丝布，缝制衣服，改变了原始的以树叶蔽体的状态，进入到戴冠穿衣、佩戴饰品的文明生活阶段。

中华民族的祖先们最早主要使用葛、麻、蚕丝和羊毛来纺线织布，而棉花用于纺织则发展较晚。

一、丝绸类

1. 丝绸的发展历史

蚕丝是中国最早生产的服饰材料，丝织品也是中国人最早织造的，这是中华民族对人类文明史做出的重大贡献。大约成书于春秋战国时期的《尚书·禹贡》中记载：当时有六个州向中央王朝贡献丝织品，它们是兖州（地处济水和黄河之间）、青州（今山东半岛和周围地区）、徐州（相当于今鲁南、苏北、皖北一带)、扬州(淮河以南地区)、荆州(今之两湖和江西地区)、豫州(河南和湖北的北部一带)。

中国古代丝绸生产的中心，原本在山东、河南一带的中原地区，在历史的发展过程中，由于自然和社会等诸多原因，丝绸生产中心不断南移。这种变化到隋唐时期已经十分明显。唐代末年及五代十国时期，中原战乱，社会经济遭到严重破坏，丝绸生产也迅速衰落。而江南社会相对稳定，尤其是江浙地区，丝绸生产获得了较大发展。北宋时，两浙路成为进贡丝绸数量最多的地区。从元代到明代中期，棉花的种植及纺织业在全国迅速兴起和发展，由于成本低、适应性强等原因，它的发展很快超过丝织业，造成很多地区丝织生产走向衰落，唯独江浙地区的丝织生产仍处于蒸蒸日上的发展势头。明代的丝绸官手工业迅速膨胀，除了"两京织染"分设在北京和南京以外，还有一系列的地方织染局，其中苏州府和杭州府的织染局最负盛名。清沿明制，除了在北京设立织染局外，只在江宁、苏州、杭州三处设织造局。其中江宁织造府在今南京，《红楼梦》的作者曹雪芹的曾祖父、祖父、伯父和父亲先后担任江宁织造的要职，长达59年之久。康熙南巡时以织造局为行宫，乾隆下江南时织造局正式作为行宫。除了江宁、苏州、杭州三处织造局之外，江南还有以数十万计的民间织匠。

在中国封建社会，社会经济的主要特征是"男耕女织"的一家一户个体小农经济。养蚕、缫丝、纺织是女性终生的事业，女孩子从小就要跟随母亲学习纺织。民间家庭丝绸业的长期存在和发展与中国赋税制度密切相关。汉代中期以后，实行"均输"制，以丝绸为实物税，这刺激了民间家庭丝织手工业的发展，也是民间丝织业在封建社会能够长期存在的原因之一。

2. 丝绸的种类

经过数千年的发展，中国的丝绸生产技术和工艺日臻完善，品种繁多，工艺精美。发展到明清时期，其品种大致可以分为以下几类。

缎类：缎的特点是面料较厚，正面光滑有光泽，色彩丰富、花型繁多、纹路清晰、雍华瑰丽。缎纹组织中的经、纬只有一种显露于织物表面，相邻的两根经或纬丝上的组织点均匀分布，但不相连，所以外观光亮平滑，质地柔软，是最富丽堂皇的高级衣料。常见的有织锦缎、古香缎、花软缎等。明朝皇帝和重臣权贵皆喜欢用各种缎类制作服饰。

绢类：绢是平纹组织的丝织品，按织物组织而言，这是最简单的一种。质地轻薄、坚韧、挺括，有素绢和提花绢两种。明太祖时确立了服饰等级制

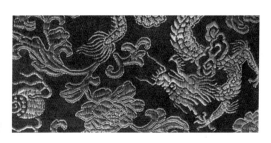

图2-1 缎

度，包括面料、颜色、式样、尺寸皆有规定。商贾服饰可以用素绢。提花绢工艺复杂，故而高贵，多为贵族所用。提花绢有云绢、妆花绢、织金绢、织金妆花绢等。

罗类：罗的特点是轻薄透孔，外表稀疏、有空隙，并有皱感。罗是利用绞经组织织出罗纹。罗的历史可以追溯到春秋战国时期，宋代罗的织物最为盛行。因为罗比较轻薄透气，所以适合制作夏天的衣服。

纱类：纱是经纬线稀疏或有小孔的丝织品，特点是轻薄。明代纱织物从织法上分，有方孔纱和绞纱两种。方孔纱是平纹假纱组织，绞纱是经纬绞织呈现椒形纱孔的丝织品。从其花样上区分，有素纱、云纱、绉纱、闪色纱、织金纱、妆花纱等。按照明制，四品以上官员才可以穿纱。

绸类：绸又作"紬"，是用粗丝织成的绢，有花、素之分。明初规定，庶人、农民可以穿素绸，而商贾为四民（士农工商）之末，所以不能用绸制作服饰。绸有云绸、补绸、素绸、锦绸、妆花绸、织金绸等。20世纪50年代初，考古工作者对明朝万历皇帝的定陵进行了发掘，出土的万历皇帝龙袍的袍身是用绸料制作的，补子是用缂丝缝上去的。孝端皇后上身穿的是绣龙方补黄绸夹衣，下身穿黄色缠枝莲花缎夹裤，脚蹬黄缎鞋。2015年，南京云锦研究所成功复制了定陵出土的万历皇帝龙袍。

绒类：绒是织物表面有耸立或平排的紧密绒圈或绒毛的丝织品，纺织时除了织入经纬之外，更按规律织入用细竹竿或铜丝做的起绒竿，当经丝跨过起绒竿时，便在织物表面形成凸起的绒圈，如将凸起的绒圈割断，就变成了耸立于织物表面的绒丝，外观既含蓄厚实又光艳富丽。明代丝绒品种有剪绒、天鹅绒、双面天鹅绒、抹绒、织金绒、妆花绒、织金妆花绒等。绒在中国有悠久的历史，湖南省长沙市马王堆出土的西汉丝织品中就有绒圈锦。

绫类：绫是斜纹或变形斜纹地上起斜纹花的丝织品，因其纹理好像冰凌，故称为"绫"。在汉代之前就有了绫，唐宋时期，绫的纺织技术发展到了高峰，绫也成为一种高贵的丝织品。诗人白居易曾作《缭绫》诗，赞美越州出产的缭绫制作之精美，诗云：

> 缭绫缭绫何所似？不似罗绡与纨绮。
>
> 应似天台山上明月前，四十五尺瀑布泉。
>
> 中有文章又奇绝，地铺白烟花簇雪。
>
> 织者何人衣者谁？越溪寒女汉宫姬。
>
> 去年中使宣口敕，天上取样人间织。
>
> 织为云外秋雁行，染作江南春水色。
>
> 广裁衫袖长制裙，金斗熨波刀剪纹。
>
> 异彩奇文相隐映，转侧看花花不定。①

绫的质地轻薄，光滑柔软，多做衬衣用。

锦类：锦是以彩色丝线织成的有花纹的丝织品，色彩华丽，彩纹多姿，图案表现力极强，是丝绸中最为精巧复杂的品种。"锦"字由"金"和"帛"组成，其意是说，锦的做工精细精美，其价如金。锦始创于西汉，它把蚕丝的优良性和美术创作结合起来，具有很高的艺术性和欣赏性，锦的出现是中国丝绸史上的一个重要里程碑。锦类中突出的是云锦，它是在蜀锦和宋锦的基础上发展而来的，采用大量的金线、丝线与金线交织在一起，使织品金碧辉煌。云锦的图案大量模仿自然界奇妙的云之变化，衬托作为主体的各种珍禽异兽、奇花瑞草，精美绝伦。汉唐时期，锦是主要的高档衣料，其色彩纹饰恰恰符合了汉唐盛世的恢宏。明代，因为缎织物流行，逐渐取代了锦的传统地位。

二、棉麻类

用麻和葛的纤维纺线织布可追溯到远古时期，我国古文献中的"布"通常是指麻、苎、葛等植物纤维的纺织品。在河南省大河村新石器时代的遗址中，曾出土不少麻种籽。在浙江省河姆渡文化遗址与吴兴钱山漾良渚文化遗址中皆有苎麻织物残片出土。战国时期，精细的苎麻布已经可以和丝绸相媲

---

① 彭定求，等：《全唐诗》，4704页，上海，上海古籍出版社，1986。

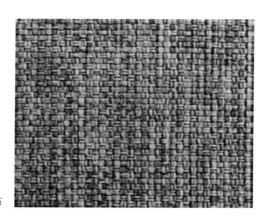

图2-2　麻布

美了，贵族常用它作为馈赠的礼物。葛生于山地和密林中，不便采集；苎麻的生产要求技术含量高，故而用苎麻和葛织成的布匹多用于贵族，而一般百姓则用大麻织成的粗布缝制衣服。

　　我国中原地区棉纺织品出现的时间较麻和丝绸要晚得多，而边疆地区则较早。大约在秦汉时期，海南岛、福建、广东、四川等地已有棉花种植和棉纺织业；南北朝时期，新疆和河西走廊一带也传入了棉纺织技术，但中原的棉纺织品奇缺。唐宋时，棉花开始向中原移植。元朝初年，松江府邬泥泾镇（今上海市徐家汇区华泾镇）人黄道婆从海南岛的崖州返回故乡，带来了先进的棉纺织技术，推动了当地棉纺织业的发展。元朝设立木棉提举司，大规模向百姓征收棉布，每年多达十万匹，虽然很快裁撤了该机构，但是把棉布作为夏税之首，可见家庭棉纺织手工业已相当普遍。明代，棉纺织品超过了丝织品，成为主要的服饰原料。宋应星在《天工开物》中描绘道："棉布寸土皆有""织机十室必有"，可见棉纺织业已遍布全国各地。明代棉纺织的中心在江南，发展到清朝的乾隆年间，北方五省自产的棉纺织品已经行销到北方各地城乡市场。

　　东北虽然地处塞外，但是辽东地区和中原地区的经济往来从未中断过，人们通过贸易获得布帛等衣料，同时家庭纺织业生产的丝绸、棉布、麻布也是衣料的重要来源。民国时期，官营和私营的纺织业蓬勃发展。1920年，张作霖指令创办了官商合办的奉天纺纱厂。[①]1928年，安东民营丝厂已达51家，有机器11920台。1923年，营口的织布厂有63家。同一时期，长春、哈尔滨的民营纺织业也十分发达。

---

① 金毓黻：《奉天通志（影印本）》，卷九十九，2617页，沈阳，辽海出版社，2003。

第三节　汉族男子服饰

东北地区的汉族男子服饰，既具有传统的汉民族服饰特征，又有东北的地域特点。

一、发式与冠帽

秦汉时期，华夏地区身份高贵的男子二十而冠，戴的是冠帽。身份卑微者戴帻，帻原本是一种包头布，用来束发，最初是用一块巾布从后脑向前把发髻捆住，在前额处打个结，使头巾的两角自然翘起，当时的青年男子认为这种打扮很美。东汉以来有身份的人用较完整的幅巾包头。北周时，将幅巾的戴法规范化，将幅巾叠起一角，然后从前额向后包覆，将两角置于脑后打结，所余一角自然垂于脑后，就像现在有些女人包头巾的方法。也有将幅巾的两角于脑后打结自然下垂如带子，另两角则回到头顶打成结子作装饰，这种形式就是初期的幞头。

幞头是宋代常服的首服，使用很广泛。宋代的幞头内衬木骨，或用藤草编成巾子为里，外罩漆纱，做成可以随意戴脱的幞头帽子。

巾帽是宋代文人平时戴的，其造型高而方正，时称"高装巾子"，并且常用著名的文人名字命名，如"东坡巾""程子巾"等。也有用含义命名的，如"逍遥巾""高士巾"等。

明代男子一般常用的幅巾名目较多，有些是唐宋流传下来的，有些是借鉴辽金元游牧民族的，还有些是明代人新创的。如儒巾、软巾、诸葛巾、东坡巾等名目是流传下来的，四方平定巾是明代新创的。据说，明太祖朱元璋召见浙江山阴著名诗人杨维桢，杨维桢戴着方顶大巾去谒见，明太祖问他戴的是什么巾，他回答说是四方平定巾，明太祖听了大喜，就让众人戴上。

明代民间流行的是瓜皮帽，时称"六合一统帽"或"小帽"，是用六块罗帛缝拼，六瓣缝合在一起，下有帽檐。

清代，由于统治者推行"剃发易服"政策，强迫男子剃掉四周的头发，留脑后发，编成一根辫子。男子普遍戴瓜皮帽，材料用纱、缎等。

近代以来，东北地区的男子冬天戴动物皮毛做成的帽子，以狗皮毛和羊皮毛的为多，春秋两季戴毡子礼帽或瓜皮帽，夏天戴草编带檐的凉帽。

二、服装

服装有实用和装饰两种功能。在远古时代，人类还没有发明服装，便用红色的矿石粉涂抹在身上和脸上，用兽牙、贝壳、石珠等挂在身上作为装饰。当人类发明了衣冠之后，便把在身体上涂抹的纹饰转移到了服装上。进入阶级社会之后，服饰的式样和纹饰就有了等级的象征意义。华夏服饰在殷商之后，建立起了冠服制度，至西周，服饰作为"礼"的内容之一，其制度逐渐完善，形成了以"天子冕服"为中心的章服制度。以后历代皆严格地遵守章服制度，皇帝、官员和百姓各穿戴符合自己身份地位的服饰，否则就是僭越。在各朝代，由于经济、政治、文化、民族等诸多因素的影响，汉族服饰也是不断发展变化的，这种发展变化是在对前朝服饰继承的基础上进行的。

服饰发展到宋代，无论其制度还是服装的式样都已经比较稳定了。宋代服饰基本上沿袭唐代的式样，但由于长期处于内忧外患之中，加上程朱理学的影响，其服饰崇尚简朴、含蓄。宋代一般男子的服饰主要有以下几种。

袍：一般百姓多穿交领或圆领的长袍，颜色以黑白为主。袍有宽袖广身和窄袖窄身之分。有官职者穿锦袍，平民百姓穿布袍。

襦、袄是百姓日常穿用的服装，长至膝盖，有夹衣和棉衣之分，以适用寒暑之宜，穿襦袄时，在腰间系带子。

短褐是用粗布或麻布缝制的短衣，其特点是体窄、衣短、袖小，是穷苦百姓穿的服装。

衫是没有袖头的上衣，分为两种，一种是穿在外面较为宽大的，叫"凉衫"；另一种是穿在里面作衬衣的，比较短小。

襕衫是用白细布做的圆领大袖长衫，下施横襕为裳，腰间有襞积，是进士、生员等人穿用的。

褙子、半臂是隋唐时流传下来的短袖和罩衣。宋代的褙子演变成长袖、腋下开胯的长衣服。宋代的半臂是短袖式的长衣。[1]

---

[1]　黄能馥、陈娟娟：《中国服饰史》，313～320页，上海，上海人民出版社，2004。

此外，宋代男服还有布衫和罗衫。内用者称为汗衫，有交领和颌领两种式样，质地考究，多用丝绸、纱、罗等缝制。

裤子：贵族的裤子质地考究，用罗、绸、细布等；平民劳动时所穿的裤子皆是粗麻或粗布的。

清代，男子皆穿满洲服饰，通常穿长袍马褂。东北地区的男子，除了长袍马褂之外，在冬季，由于寒冷，平民一般上身穿棉布袄，下穿棉布裤。

三、足履

秦汉时期，单底鞋子称为"履"，复底鞋子称为"舄"。"舄"多为帝王和大臣们穿，特点是在鞋底置木，不畏潮湿，鞋面涂黑漆或红漆，式样有方头、圆头、双尖头等。同时还有靴子，分高筒靴和半筒靴两种。

明清时期，平民男子一般穿布鞋。明代的庶民、商贾、技艺、步军皆不许穿靴，要保暖，只能把皮子裹绑在小腿上，下面再穿鞋。东北地区的汉族男子也穿乌拉，有单乌拉和棉乌拉两种。乌拉的特点是底和帮用一块皮子或布缝制，即鞋底和鞋帮没有缝合处。

第四节　汉族女子服饰

汉族女子服饰花样繁多，她们喜欢佩戴头饰，衣与裙子搭配，服饰上多刺绣。

一、发型与头饰

隋唐五代时期，女子非常重视头部的装饰，发髻式样多种多样，头上插的金银珠玉饰物丰富多彩，从一个侧面彰显出多民族融合的盛唐景象。

唐代发髻名称众多，贵族妇女有螺髻、反绾髻、半翻髻、抛家髻、乌蛮髻、盘桓髻、同心髻、交心髻、回鹘髻、归顺髻、丛梳百叶髻、高髻、低髻、凤髻、小髻、云髻、双髻、飞髻等，可谓五花八门。其特点是崇尚高大，利用自己收集的或者别人剪下的头发添加在自己的头发中，或者用假发做成各式假发髻来戴。在发髻上插满各种饰品。《入蜀记》载：蜀中的未嫁女子皆梳同心髻，高二尺①，插银钗至六支，后插大象牙梳，如手大。在发髻上插的有金玉珠翠花枝、弯凤步摇、簪钗篦梳等。而平民女子常年劳作，不可能满头珠翠，只有在新婚时允许穿最低等的命妇服饰，平日里只能穿素色的衣服，头上插一两支金银簪子而已。②

明代，命妇按照品级穿戴服饰，头戴冠饰。如一品命妇头戴珠翠庆云冠，八品、九品命妇头戴小珠庆云冠，平民女子戴钗或簪子。明代金簪使用焊接、镶嵌、掐丝等工艺，将簪头扩大，做成龙形、牡丹花形、如意云形等，在上面镶嵌珍珠、玛瑙、翡翠、宝石等。女子也戴耳饰，明代流行一种葫芦形的耳环，以两颗大小不等的玉珠穿挂于一根粗约0.3厘米、弯曲成钩状的金丝上，小玉珠在上，大玉珠在下，看似葫芦，其上有金片圆盖，其下再挂一颗金属饰珠。③

清代，东北地区的平民女子未出嫁前，额头前梳刘海，脑后梳一条或两条辫子，在辫梢上系彩色头绳。结婚后，平民妇女将头发盘成发髻，梳在脑后，发髻上插上发簪以固定。东北地区满族人比较多，汉族和满族妇女从其发式上非常容易区分，汉族妇女发髻梳在脑后正中，满族妇女发髻梳在头顶。不论满族妇女还是汉族妇女，她们喜欢将榆树皮泡在水里，每天梳头时，用榆树皮抹擦头发，使其光亮。

二、衣裳

在清代之前，汉族妇女的衣裳主要有以下几种。

襦、袄：襦是短的夹衣，袄是有衬里的上衣。宋代女性的襦、袄都比较短小。颜色以红、紫为主，黄色次之。质地有锦、罗等。在衣服边上有刺绣。常同裙子搭配，上穿襦、袄，下穿裙。

衫：妇女的一般上衣，多用罗制作。

褙子：又名背子、绰子、罩甲等，是汉

图2-3 穿褙子的女子

民族传统服饰的一种。褙子始创于秦代，隋唐时已开始流行。至宋代，男女皆穿，只不过男人将褙子作为便服或者衬在里面穿，而女人将褙子外穿，作为典型的常服。关于褙子名称的来历，宋代有一种说法，认为是婢妾的服装，因为婢妾一般都站立在女主人的背后，故称背子。宋代褙子长袖、长衣身，腋下开胯，即衣服的前后襟不缝合，领型有直领对襟式、斜领交襟式、盘领交襟式。女性穿直领对襟式，前襟有两颗纽扣；男性穿斜领与盘领式，穿在常服里面。明代女性褙子沿袭宋代的式样，仍为对襟左右两侧开衩。

半臂：隋唐以来的传统服装，宋代男女均穿。沈从文在《中国古代服饰研究》中写道："半臂又称半袖，是从魏晋以来上襦发展而出的一种无领（或翻领）、对襟（或套头）短外衣，它的特征是长袖及肘，身长及腰。"

背心、裲裆：半臂无袖就是背心，短背心即裲裆。清代背心形制多样，有大襟、对襟、琵琶襟等。背心、裲裆取其"当背当心"之意。民国时期，劳动者将背心当外衣穿，用缎、棉、毛、麻等各种衣料制作，有棉有单，起到给前胸后背保暖的作用。

抹胸、肚兜：二者皆为女性的胸衣。明清时期，女性普遍使用肚兜。《清稗类钞》中记载："胸间小衣也，一名抹腹，又名抹肚。以方尺之布为之，紧束前胸，以防风之内侵者。俗谓之兜肚，男女皆有之。"[1]过去，东北地区的男女都穿肚兜。《奉天通志》记载："秋冬男妇均服之兜肚，系内衣。裁布为长圆形，齐其上端，以带缀腹际，男女多御之。亦有上端绣花系以银链者。"[2]东北地区的老幼妇孺一年四季皆穿肚兜。

图2-4　肚兜（一）

① 徐珂：《清稗类钞·服饰类》，6200页，北京，中华书局，1984。
② 金毓黻：《奉天通志（影印本）》，卷九十九，2338页，沈阳，辽海出版社，2003。

裙：自古以来裙子的式样多有变化，至宋代，裙子有6幅、8幅、12幅者，多褶皱，长及脚面。宋代还有一种前后开胯的裙子，称为旋裙。裙子可以用各种衣料缝制，富贵者用罗、纱、绸缎，多刺绣，色彩丰富艳丽；平民用麻、布，颜色多为青色、绿色。

裤：古代的裤子没有裤裆，有裆的是小短裤，叫作裈[①]。宋代上层社会妇女穿裤子，在外面要套上裙子遮挡，而平民为劳动方便，上穿衫，下穿裤。在东北地区，清末以来，女性冬天穿棉裤，裤腰和裤腿宽大，俗称"缅裆裤"，穿时把裤腰多余的部分向中间折，再系腰带，裤腿用腿带子一圈圈绑上，以免寒风侵入。

三、三寸金莲

从文献记载来看，自从宋代以来，汉族女性开始裹足，被裹过的脚称为"莲"，根据"莲"之大小不同，又有不同的称谓，四寸[②]的称为"银莲"，大于四寸者称"铁莲"，小于四寸者称为"金莲"。女孩子在五六岁时开始裹足，将拇指以外的四个脚趾连同脚掌折断弯向脚心，形成菱形，用长长的布带缠裹起来，日复一日，年复一年，终于使脚变成又小又尖的"三寸金莲"，其痛苦可想而知。母亲面对幼女的眼泪和哭闹毫不让步，因为脚的大小关系到女儿一生的幸福——脚大找不到好婆家。

元代，蒙古统治者不但不反对裹足，反而赞许，使得裹足之风盛行，人们以不裹足为耻。至明代，裹脚之风日盛，"三寸金莲"成为女子审美的重要条件。另外，女人裹足不方便行走，可以防止红杏出墙。其实，裹足并未限制劳动阶层女子们的行动，她们要为生存奔波，只不过付出了更多的艰辛和痛苦。

清代，由于满洲女子是天足，所以清初的统治者也反对汉族女子裹足，但是裹足之风难以制止，所以康熙初年只好作罢。这件事一度被渲染为"男降女不降"，即在清政权推行的"剃发易服"政策下，男人剪了前颅头发梳辫子，表示归降，而女人坚持裹足，表示不降。裹足行为直到辛亥革命以后才逐渐停止。所以，在20世纪五六十年代，在东北仍然可见摇摆着身

---

① 黄能馥、陈娟娟：《中国服饰史》，326页，上海，上海人民出版社，2004。

② 寸为非法定计量单位，1寸 ≈ 0.03米，此处使用为便于读者理解，使行文更为顺畅，下同。——编者注

子，行走在街上的小脚女人的身影。小脚女人穿的鞋小并且鞋尖上翘，用袼褙做底，鞋帮为红色、黑色等，上面刺绣有蝴蝶、莲花、荷花、牡丹等精美的图案。

第五节 服饰历史演变及地域特色

在历史上的各个时期，中原汉族人在不同的社会背景下，因不同的原因来到东北，在清代以前，他们大部分生活在辽东，大致在今辽宁省境内。他们的服饰有对中原汉族传统服饰的继承，又有因所处环境带来的变异。

历史上记载东北地区汉族服饰的资料少之又少，这里借助中原汉族服饰在历史上的演变加以介绍。以女装款式为例。

汉代妇女礼服采用深衣制。所谓深衣，是将上衣、下裳分开裁剪，然后再缝合在一起的衣服，因其"被体深邃"而得名。除了深衣之外，穿襦裙和类似半臂的短上衣，上衣和下衣分开。裤子为无裆裤。

魏晋时期的女装在继承汉代服饰的基础上又吸收了少数民族服饰的特点。女子一般上身穿衫、襦，下身穿裙子，款式上敛下舒，上衣紧身合体，袖管肥大；裙子多褶裥，裙长曳地，下摆宽松，从而达到俊俏潇洒的效果。再加上丰富的首饰，反映出炫华靡丽的风气。女子穿深衣时，在腰部加围裳，从围裳中伸出长长的飘带，行走起来，飘带舞动，愈发显得妩媚多姿。

唐代初期，女人穿上衣和裙，上衣紧身窄小，裙为高腰或束胸、贴臀、宽摆齐地，既表现出人体结构的曲线美，又表现出富丽潇洒的优美风度。中唐以后，华夏的传统审美观念在服饰中表现出来，款式越来越肥。宫中女性的长裙普遍用5幅丝帛缝制，也有用6幅、7幅、8幅，甚至12幅的（12幅宽相当于今天的3.48米）。宽大蓬松的裙摆不方便走路，所以宫中女性又穿高头丝履，丝履前面又装有一个很高的履头，让履头勾住长长的裙下摆，这样才能行走。为与之相匹配，她们头上戴假发，梳起高大的发髻，插很多金钗珠玉等头饰，反映出豪华奢靡的社会风尚。同时，女装男性化。唐代社会比较开放，各民族以及中外文化交流顺畅也反映在服饰上。《新唐书·五行志》记载：唐高宗在宫中宴饮，太平公主穿着紫衫、玉带、皂罗折上巾，腰带上挂着刀子、砺石、针筒、火石袋等男性腰间佩戴的物品。这种女性骑马、穿男装的形象在唐代墓葬壁画和敦煌莫高窟壁画中皆有。

宋代，女性服饰一改唐代宽肥的款式，流行瘦、细、长，颜色淡雅、文静，更加突出女性的形体美和温文尔雅。明朝女子上穿袄，下穿裙，常在裙子的外面再加一条短小的腰裙。

明代时出现了百褶裙，用整幅衣料折成细道。

服饰是社会文化的一种表现形式，在不同的社会背景下，服饰表现出的形态是不同的，它永远处于发展演变之中。

东北地区汉族的服饰具有鲜明的地域性。在历史上，东北地区的汉族人主要集中在今辽宁省境内，在其他地区如吉林省、黑龙江省也有少量分布。

首先，由于地处塞外，经济发展不及中原，气候寒冷，不能养蚕缫丝，纺织等手工业落后，所以，服饰面料较为单一，百姓多穿粗布衣，服装的结构式样较为简单。由于冬季漫长而寒冷，保暖是制作服饰首先要考虑的问题，所以男人们在冬天戴棉帽子或皮帽子，如羊皮帽、狗皮帽等。冬季服装显得厚重笨拙。

其次，东北历来是少数民族的聚居地，这一地区的文化是多民族的文化，虽然各民族文化习俗的基本方面及其内质一直作为民族传统被传承，但是，在悠久的发展中，各种文化习俗之间相互渗透、影响是不可避免的，这也是社会发展的一种必然。汉族服饰和东北地区的少数民族服饰相互影响，形成了一定的同一性，即它的地域性。在明代后期，尽管朝廷修筑了一道辽东边墙，将汉族和少数民族隔离开，但是仍然不能阻挡民族间的交往和相互影响。如晚明人方孔炤在《全边略记》卷十中记载："辽人侵染胡俗，气习相类。"清代，在东北地区，满、汉族长期杂居共处，他们的生活习俗包括服饰有很多相似之处，正如《奉天通志》所载："汉人初来类贫穷，锦裙绣锦裙绣翘颇不多见。再世以后，与满洲人化矣。"[1]这种服饰的满洲化，一是由于清朝统治者推行的"剃发易服"政策，致使全国冠服皆同；二是满、汉民族在共处中文化习俗相互影响造成的。如乌拉本是满

---

[1]　金毓黻：《奉天通志（影印本）》，卷九十九，2338页，沈阳，辽海出版社，2003。

族人穿的鞋，它制作简单，保暖性能好，也受到汉族人的喜欢，不论男女老少皆喜欢穿乌拉。

最后，东北地区的汉族是在不同的历史时期从中原迁移过来的，他们保留了汉族传统的服饰式样或诸多元素。但是由于久居东北，和其他少数民族杂居共处，在服饰上也受到影响。至近代以来，甚至难以从服饰上分辨民族，而服饰更多体现的是具有特色的地域性。

第三章

东北民间满族服饰

　　满族是一个历史悠久、勤劳、勇敢的民族，在16世纪到19世纪末的中国历史上占有重要地位。满族现现有人口1000多万人，其中有500多万人居住于辽宁省，其余人口主要分布在吉林、黑龙江、河北、北京、新疆、内蒙古等省、自治区、直辖市。满族以其璀璨的文化丰富了祖国的文化宝库，服饰就是其文化的重要组成部分。

　　服饰是一个民族物质与精神文化生活特征的重要标志。各民族由于所处的自然环境不同，社会发展阶段不同，文化传承不同，其服饰也各不相同。满族世居白山黑水之间，经数千年之变迁，形成了具有浓郁民族特色的服饰风格。

第一节　便于骑射的满族服饰

　　有清一代，满族服饰既有对先世女真人服饰的继承，又有自己的创新。在其服饰发展演变的过程中，有一点是始终不变的，那就是以便于骑射为主要诉求的服饰特点。

一、满族的形成

　　追溯满族先世的历史，可谓源远流长。满族是东北地区最早见诸史籍文献记载的少数民族之一，在不同的历史时期有着不同的称谓：商周时期的肃慎人，秦汉时期的挹娄人，南北朝时期的勿吉人，隋唐时期的靺鞨人，辽、金、元、明时期的女真人。公元1115年，女真完颜部酋长阿骨打建国，国号为"大金"。大金政权先后灭掉辽和北宋，持有半壁江山，与南宋对峙，统治中国北方百余年。岁月星河，山川巨变。1234年，蒙古铁骑踏平了金朝的京城，女真族流落于白山黑水之间。明代初年，由于明朝廷的招抚，女真各部逐渐由北向南迁徙，至明代中、后期，基本上形成三大部：建州女真，分布于今辽宁省新宾满族自治县、清原满族自治县、桓仁满族自治县以及吉林省东南部；海西女真，分布于今辽宁省铁岭、开原以北和吉林省的梨树县、吉林市、辉南县等地区；野人女真，分布于黑龙江流域的广大地区。各部落不相统属，强凌弱，众暴寡，势力衰微，陷入了历史发展的低谷时期。

斗转星移，到16世纪末叶，女真族迎来了再兴的机运。1583年，建州部英雄努尔哈赤崛起，他以为父祖复仇为契机，揭开了统一女真大业的序幕。征战30余年，他先后统一了建州和海西诸部女真，并收服了黑龙江部分女真，初步实现了女真各部落的统一。在征服各部女真的同时，1616年，努尔哈赤在今辽宁省新宾满族自治县的赫图阿拉山城称汗，效仿先世，建国号为"大金"。后人为区别与南宋对峙的"大金"政权，称之为"后金"。女真族在沉寂了三百多年后再次崛起，形成了强大统一的民族势力。

随着政权的日益强大，1618年，后金终于向一直以来仰视臣服的明朝宣战，首取抚顺城。随后，在数年间，八旗铁骑摧毁明代辽东边墙，攻克开原、铁岭、沈阳、辽阳等军事重镇，进占辽河以东地区，终以沈阳为都城，进入蓬勃发展时期。清太宗皇太极即汗位后，恩威并用，将黑龙江女真诸部也置于后金政权之下，民族共同体得到进一步扩大。1635年，清太宗改族称为"满洲"，一个新的民族共同体诞生了。

在改族称为"满洲"之后的第二年，清太宗登基称帝，建元崇德，改"大金"国号为"大清"。嗣后开始了与明朝争夺天下的一系列战争。顺治元年（1644），清军在多尔衮的带领下入关，随后迁都北京，百万八旗"从龙入关"。满族从关外走向全国，从此进入一个新的发展时期。

二、传统渔猎文化

满族及其先世世代生息繁衍在东北。东北的地理环境是三面山水环绕，中间是贯穿南北的大平原，西部又与内蒙古大草原相连，山川壮伟，平原广袤，河流纵横。生活在这片土地上的各部族以渔猎采集为业。早在西周时期，肃慎人就把"楛矢石砮"作为贡品进献给中原王朝。挹娄人善于射猎，自制毒药敷于箭镞，凡被射中者皆死；勿吉人使用的角弓三尺，箭长尺二寸，以石为镞；黑水靺鞨人地处极北，劲健剽悍，各个善射。金代的女真人尤其精于骑射。据《大金国志》卷三九记载：女真人"耐饥渴辛苦，骑山下崖壁如飞，济江河不用舟楫，浮马而渡"。从肃慎到女真，他们的生活和生产方式是一脉相承的。到了明代，建州、海西女真虽然皆以农业为主，但渔猎仍是谋生的补充手段，故而骑马逐兽的"骑射"技能仍被保留并代代相传，无论男女老少，几乎人人善于骑射。"女人之执鞭驰马，不异于男。十余岁儿童，亦能佩弓驰逐"。①至于"野人"女真，他们居住在松花江以北及黑龙江下游两岸，无市井城郭，逐水草为居，以射猎为业。

与经济形态相适应，满族及其先世的文化属于渔猎文化，还有部分属于过渡型文化，即从渔猎文化向高度发达的农耕文化过渡。这种文化在他们的日常生活中无不鲜明而广泛地展现出来。如以貂、鼠、狐、鹿、熊、虎、水獭等各种兽皮及名马、海东青等作为货币，用于生活交换或赏赐。其生育习俗是如生男孩，在门口悬挂一支裹着红布的弓箭，寓意是希望孩子成长为一名优秀的骑射手。孩子在满月之后要睡悠车，悠车形如船，用绳索系于房梁上，距炕面二三尺高，这就是"关东三大怪"之一的"养活孩子吊起来"。孩子睡悠车源于渔猎时把孩子放在地上不安全，于是用皮子或木板做成类似今天的吊床，将孩子放在上面，悬挂在树上，久而久之，便演变成睡悠车的习俗。孩子们平时玩耍，就是以木弓柳箭练习射技。清初，在宁古塔的流人见到吉林将军巴海的两个儿子，"昼则读书，晚则骑射。各携自制小箭一二十枝，每人各出二枝，如聚五人，共箭十枝，竖于一簇，远三十步，依次而射，射中者得箭"②。满族人家举行婚礼，新娘的花轿被抬到新郎家门口时，

图3-1 满族的悠车

---

① 李民寏：《建州闻见录》，影印版，43~44页，沈阳，辽宁大学历史系，1978。

② 吴桭臣：《宁古塔记略》，见王锡祺：《小方壶斋舆地丛钞》，第1帙，铅印本，345页，上海，上海著易堂，1897（清光绪二十三年）。

新郎向花轿虚发三箭（有弓无箭）。拜天地后，新娘坐帐，帐篷设在院内厢房一侧，门口放置马鞍，新娘跨过马鞍进入帐篷内，独自"坐福"。青年人有一项竞技活动是"跑马射柳"，骑在奔驰的马背上，拉弓搭箭，射向风中摆动着的柳条，以射中者为胜。这些生活中的习俗，无不是骑射的遗风，无不是渔猎文化的体现。

三、满族服饰特点

服饰，是人类的智慧创造，也是人类独有的特殊技能。服饰的功能有二：一是保护身体；二是美化装饰。由于受所处自然环境不同、社会发展阶段不同，以及对历史的继承不同等诸多因素影响，每个民族都形成了各自不同的服饰风格。

清高宗乾隆皇帝在谈到满族服饰时说："我朝冠服制度，法守攸关，尤与骑射旧俗为便。"[①]高宗所言，一语中的，道出了满族服饰与骑射密切相关。

骑射是游牧、渔猎民族的古老传统技艺。满族及其先世以渔猎采集为主要生产方式，入山采参、行围打猎，骑射技艺不仅是获取猎物的保证，也是保护人身安全之必需，所以，男女老少皆精于骑射。当清太祖起兵尤其是建立政权之后，骑射便由生产技艺转变成了军事征服手段。在战场上，八旗兵甲骑成列，冲突击射，所向披靡，野战则克，攻城则取。

由于生产和军事的需要，满族成为一个长于骑射的民族。自然，其服装从式样到饰品，也无不与骑射密切相关。如男子的典型服装箭衣，圆口无领、捻襟、右衽、四面开衩。窄袖，在袖口处加一圆形袖头，平时卷起，骑射时放下，以盖住手背御寒。这种衣袖称为"箭袖"，这种衣服因此得名"箭衣"。男性多用兽皮缝制衣服，从头到脚的饰物，如羽毛、东珠、兽骨、各色石等，皆为采猎的产物。这种与骑射相关，便于骑射的服饰，构成了满族服饰文化的基本特色，也被清朝历代统治者所倡导。

据《清太宗实录》卷32记载：在满族进入辽东地区之后，受到汉族文化的影响和冲击，有大臣向清太宗建议改满洲衣冠，效仿明朝汉人服饰。为此，太宗把王公大臣们召集到翔凤楼，他首先称赞了金世宗以祖宗为训，衣

---

① 阿桂：《满洲源流考》，317页，沈阳，辽宁民族出版社，1988。

服、语言悉遵旧制的做法，然后对众人说：

> 朕试设为比喻，如我等于此聚集，宽衣大袖，左佩矢，右挟弓，忽遇硕翁科罗巴图鲁劳萨挺身突入，我等能御之乎？若废骑射，宽衣大袖，待他人割肉而后食，与尚左手之人何以异耶？朕发此言实为子孙万世之计也。在朕身岂有变更之理。恐日后子孙忘旧制，废骑射，以效汉俗，故常切此虑耳。

清太宗非常重视保留本民族服饰和维系八旗骑射长技，将其与国家的前途命运联系在一起，故而他坚决拒绝效仿汉族服饰。崇德三年（1638）七月，太宗再次颁布法令：有仿效他国（指明朝）衣冠、束发、裹足者均治以重罪。

图3-2 明朝皇帝龙袍

图3-3 清朝皇帝龙袍

清政府入关后，统治者遵守祖训，坚决排斥汉人服饰，并且以强制手段让汉族人改穿满族服装，即"剃发易服"，其目的就是要保持本民族特征，防止被汉化，导致民族消亡。

正是由于清统治者的提倡与强调，也由于民族心理素质的作用，加之清朝对东北实行封禁政策，限制甚至禁止汉族人进入东北，所以在东北地区，到鸦片战争以前，甚至到清朝灭亡，满族衣冠服饰没有发生较大变化。

在20世纪五六十年代，满族服饰对东北人穿衣戴帽仍有很大影响。时至今日，我们还可以寻觅到它的踪影。

清代东北地区的满族服饰，承袭了女真人喜尚皮裘、适于射猎、编发为辫的基本习俗，同时融汇了蒙古族、汉族等服饰元素，其种类式样新颖多彩，尤以袍、褂、鞋、帽更具特色。

第二节　满族男子服饰

一、发式与冠帽

1. 发式

满族男子皆拔须剪发，顶后存发，如小指许，编而垂之后。这种发式源于上古时期游牧民族的一种风俗。我国古代的鲜卑、突厥、契丹、蒙古、女真以及汉代的西南夷皆髡发。所谓髡发，是将男子头发一部分剔除，留下额前或脑后或耳朵上等部位的头发，形成独特的发式，与中原汉族留全发的传统截然不同。髡发样式从传世的《契丹人狩猎图》《胡笳十八拍图》《后汉书》《三国志》《南齐书》，以及辽墓壁画中都可以看到。这些民族所留头发的位置各不相同，满族男子是剃掉头顶之发，留脑后发，编成一条辫子，是髡发中的一种。

图3-4　辽代契丹人的髡发

满族富有之家对于辫子的修饰非常重视，多在辫梢系以彩丝，饰以金银珠宝等物，一方面坠住辫子，防止其随意摆动，另一方面又显示了美观和富有。如《红楼梦》第三回描写贾宝玉的发式与发饰："头上周围一转的短发，都结成小辫，红丝结束，共攒至顶中胎发，总编一根大辫，黑亮如漆，从顶至梢，一串四颗大珠，用金八宝坠脚。"

图3-5　满族男子的发式

2. 冠帽

由于剃发，满族男子外出喜欢戴帽子，帽子上"皆加红毛一团饰"，因而又被人称作"红缨满洲"[①]。

满族男子冬天戴暖帽，夏天戴凉帽，此外还有瓜皮帽、毡帽等。

满族男子冬季所戴冠帽称为暖帽。其样式承袭北方少数民族的传统形式，以貂皮、猞猁皮、狼皮、羊皮等为主要材料，也有用毛毡制作而成的。暖帽呈圆形，周围有一道檐边，帽外檐向上翻起，形成自下而上向外倾斜的立面。帽顶上面通常覆以红色缨穗，顶端装有顶珠，顶珠用珠、宝石等饰物，帽子颜色以黑色为多。东北冬季漫长而寒冷，用皮毛制作的暖帽防寒保暖性好。

图3-6　暖帽

图3-7　凉帽

凉帽，形同圆锥，无檐，在帽顶加覆一层红色的缨穗，缨穗较之暖帽长而细。它与元代蒙古族的圆形瓦楞凉帽有渊源。凉帽用玉草编制而成，夏天戴在头上凉爽舒适。玉草是东北常见的一种草，长得很高，草根坚硬。清政权入关后，只有王公贵族及官员才能戴玉草编的凉帽，而百姓通常戴用竹丝或藤条编制的凉帽。

满族凉帽及其帽顶装饰在很早就已形成定制。后金天命八年（1623）六月，清太祖颁布诸贝勒、大臣、侍卫及百姓着装的规定，其制为："职衔之诸大臣，皆赏戴金顶大凉帽，着华服。诸贝勒之侍卫，皆戴菊花顶凉帽，着华服。无职巴牙喇之随侍及无职良民，夏则戴菊顶新纱帽，着蓝布或葛布之披领，春秋则着毛青布披领。若于行围及军事，则戴小雨缨笠帽。于乡屯之街，则永禁戴钉帽缨之凉帽。禁着纱罗，将纱罗与妇人衣之。"[1]清太祖将冠帽的式样按等级做了明确的规定，不同等级帽子的式样及用料皆不同。

秋帽，即便帽，又叫"小帽""六合帽"，俗称"西瓜皮帽"。以六瓣合缝，缀檐如筒。这种帽子是沿袭明代的六合帽，相传创自明太祖洪武年间，取"六合一统"之意。《清稗类钞》称："国朝因之，虽无明文规定，亦不之禁，旗人且皆戴之。"六合帽是满族官民日常家居常戴的帽子。其形制如暖帽，但帽檐窄，帽胎有软胎、硬胎，圆顶或略作平顶者皆作硬胎，用黑色缎、纱、或以马尾、藤竹丝编织成胎；尖顶大都是软胎，这样便于摘戴。便帽的料子，夏秋用纱，春冬用缎，颜色多为黑色，帽顶用红绒结顶，遇有丧事则用黑色或白色结顶。现在，瓜皮帽已经基本消失，20世纪初，在东北的一些地方还有满族儿童戴这种小帽。在日常生活中，男子在冬天还戴一种毡帽，俗称毡帽头儿，也是承袭明代汉族的习俗。最初多为农夫、市场商贩所戴。清朝中期以后，士大夫们在冬天亦佩戴。

图3-8　秋帽

风帽，又叫"风兜"，后来又称为"观音兜"，因与观音菩萨所戴的相似而得名，流行于清末。有棉的，有夹的，多为老人和儿童在冬天戴，以紫色、深蓝、深青色为多。徐珂在《清稗类钞·服饰》中记载："风帽，冬日御寒之具也。亦曰风兜，中实棉，或袭以皮，以大红之绸缎或呢为之，僧及老妪所用则黑色。"

童帽，小孩在秋冬季节常戴虎头帽、狗头帽等，帽子或用动物皮毛，或用多色多层棉布制作，寓意吉祥。

图3-9　童帽

耳套，又称"暖耳""护耳""耳包"，是冬季御寒、保护耳朵的一种饰物。尤以妇人所用为多，巴掌大小，桃形，分左右撇，用布或缎制成，双层，外出时套在耳朵上。用皮毛做边饰，更加暖和，保护双耳不受寒冷侵袭。

---

① 中国第一历史档案馆、中国社会科学院历史研究所：《满文老档》，512页，北京，中华书局，1990。

二、长袍、马褂、坎肩

满族男子的服饰主要有长袍、马褂、坎肩等。

1. 长袍

满族无论男女老少、贫富贵贱都穿长袍。长袍汉语音译为"衣介"。袍有单、夹、棉、皮之分,一般,春夏穿的称为"衫"或"大衫",秋冬穿的称为"袍"或"长袍"。

男袍的基本款式是圆口无领、捻襟、右衽、紧身、开衩,带扣绊,窄袖,在袖口加上圆形的袖头,称之为箭袖,袍子因有箭袖又称为"箭衣"。箭袖平时向上翻起,需要时将其放下保护手背及手指以御寒。又因其形似马蹄,故俗称"马蹄袖"。"箭袖"满语称"哇哈",到了清后期,箭袖已经失去了原来的实际作用,主要为行礼所用,行跪拜礼时,先弹下箭袖,称作"放哇哈"。为了便于骑射,长袍原本前、后、左、右四开衩,并无贵贱之分。清太宗时,规定皇族宗室四开衩,其他人开两衩,以此来区分贵贱等级。满族人喜好青色、蓝色,因此,平民的袍服以蓝色、青色居多。

在长袍外,腰间扎一条布带子,既起束身作用,又便于挂小刀、烟荷包等小物件。

清政府入关后,强迫汉族男子一律穿这种箭衣,史称"江苏男子无不箭衣小袖,深鞋紧袜,非若明崇祯末之宽衣大袖,衣宽四尺,袖宽二尺"[1]。在清代,由于清政府实行"剃发易服"政策,所以汉族男子的服装由明代的宽衣大袖变为窄衣小袖,这种服饰客观上对于做事行路便益良多,最终被汉族所接受,成为清代典型服装之一。

图3-10 《满洲实录》中身穿箭衣的努尔哈赤

---

① 徐珂:《清稗类钞》,第13册,6146页,北京,中华书局,1984。

2. 马褂

马褂，顾名思义，是骑马时常穿的一种外褂。马褂套在长袍外面，身长至脐，圆领、对襟、盘扣，袖子稍短，袖口齐平宽大，可露出长袍袖三四寸，左右与后面开衩，很像现在人们穿的对襟小棉袄。衣袖有长短之分。袖长者，袖口窄，民间习惯称为"卧龙袋"或"额娘袋"，因为它的保暖性比较好，所以老人穿的比较多；袖短者，袖口宽，年轻人喜欢穿。马褂既可御寒又不妨碍骑射，所以深受满族男子的喜爱。

清初，穿马褂仅限于八旗士兵，至康熙、雍正年间已经广泛流行，男女都穿。初期的马褂没有领子，至清中期以后加上了立领。

马褂的种类，有琵琶襟马褂、对襟马褂和大襟马褂。

图3-11 长袍马褂

琵琶襟马褂，又称缺襟马褂，右衽。特点是马褂左襟下端短缺。

对襟马褂多用作礼服，穿在长袍外面。样式为对襟，平袖长及肘，两侧开衩，又名"得胜褂"。传说在乾隆时期，满族大臣傅恒领兵征金川，行军打仗时常穿对襟马褂。凯旋回朝后仍穿着，被问及缘故时，他随口答道："穿它而得胜。"由此而得名"得胜褂"。

大襟马褂，右边开衩，因古人称右手为大手而命名。大襟马褂用别样料

图3-12 琵琶襟马褂

子镶边以为装饰。

根据季节的不同，马褂有单、夹、棉之分。春、夏季时用夹纱质料，冬季时用棉、皮质料。东北民间风俗崇尚朴素，"男子平居各服绵袍、马褂、白袜、青鞋。袍色多用灰黑色，以耐污也，或用蓝色，马褂则用青色"[①]。

清朝皇帝视"国语骑射"为国之根本，为鼓励旗人不废骑射之长技，常以黄马褂赏赐臣下，被赏"黄马褂"成为极高的荣誉。清代的黄马褂并不仅限于皇帝穿，御前大臣、内大臣、内廷王大臣、侍卫什长等皆例准穿明黄色的马褂。正黄旗官兵穿金黄色的马褂。据说，对于黄马褂有"赏给"和"赏穿"之分，虽是一字之差，区别却很大。"赏给"是给一件；"赏穿"是可以穿一辈子，被赏者可按不同季节做黄马褂穿。清朝中晚期，被赏黄马褂的人不少，如李鸿章等，都是被赏穿黄马褂之人。

内穿长袍外着褂，是清代东北满族人的主要礼服。

3. 坎肩

坎肩，又称"马甲""背心""紧身"，为短款上衣，长及腰，与马褂的不同之处是无袖。它是我国古代北方少数民族的主要服装之一，由古代的裲裆发展而来，裲裆最初的形式是"其一当胸，其一当背"。由于坎肩穿脱方便，又能对前胸和后背起到保暖作用，所以满族男女老少都喜欢穿。将其套在长袍外面，无形中还起到了装饰作用，所以人们对坎肩的用料、式样和制作工艺都很重视和讲究。

坎肩有大襟、对襟、琵琶襟、人字襟、一字襟等式样。底摆有直翘、圆翘。领口有圆领、鸡心领、立领等。立领的样式不断变化，领子越来越高，至清末，立领高过腮。也有长身坎肩。坎肩材质有棉、皮、纱、缎等，颜色多见蓝、青、酱色。

"一字襟"坎肩又称"巴图鲁"坎肩或"十三太保"，是坎肩中比较特殊的一

图3-13 魏晋时期的裲裆

① 金毓黻：《奉天通志（影印本）》，沈阳，辽海出版社，2003。

图3-14 一字襟坎肩

种。"巴图鲁"乃"勇士"之意，这种坎肩多为八旗官兵穿用。其式样是衣襟横开在胸前，呈一字形，开襟处钉七颗扣襻，腋下各钉三颗扣襻，共计十三颗扣襻，故名"十三太保"。坎肩穿在长袍里面与外面皆可，但因其有个好听的名字，所以八旗的年轻人喜欢穿在外面，以示威武。

坎肩有棉、夹、单、皮四种，人们根据季节选择相应的种类。时至今日，坎肩仍然是人们喜爱的服装之一。

男子的服装除了长袍、马褂、坎肩之外，还有裤子和衬衣。裤子和衬衣穿在长袍里面。

裤子主要有长裤和套裤两种。

长裤的特点是裤腰高阔、宽裆、肥腿，穿着时将裤腰掭个大褶子，然后系以腰带。裤腿也要掭褶扎以腿带子。腿带长二三尺，宽一寸多，扎腿带可防止寒气窜入，也使雪不致进入裤筒内，还可防蛇蝎蚊虫的侵袭。这种裤子宽松保暖，便于骑马。一直到20世纪五六十年代，在东北地区，一些老年人仍穿这种裤子——俗称"缅裆裤"。

所谓套裤，是套在长裤外面的，仅有两条裤腿，没有裤腰也不缝裆。每只裤腿上端钉有带子或索扣，穿时在腰间系结。汉族最初的裤子也是两只分开的无裆套管，字作"绔"。《释名·释衣服》载："绔，跨也，两股各跨别也。"《说文解字》云："绔，胫衣。"段玉裁注云："今所谓套袴也，左右各一，分衣两胫，古之所谓绔。"北方的少数民族，如蒙古族、赫哲族等也多穿套裤，套裤是为骑马时防风寒而设计制作的，体现了游牧、渔猎民族的生活智慧。因其宽松便于骑乘，故而一直被一些游牧与渔猎民族所沿袭穿用。

衬衣原是穿在袍服里面的便袍。通常袍服是开裾的，或两开裾或四开裾，并且开裾比较高，为避免暴露身体，便

图3-15 套裤

在袍服内穿不开裾的便袍，这便是衬衣。衬衣的基本形制是圆领口右衽、直身、捻襟、平袖、无开气。初期的衬衣用料和花纹都很朴实。

男子的衬衣，一般用素色的绸、纱、布制成，做工简单，样式普通，其变化一直不大。

三、鞋、靴

满族的鞋、靴极具东北地方和民族特色，有"女履旗鞋男穿靴"的习俗。

满族男子穿靴是承袭了女真人的生活习俗，既保暖又利落，便于骑马与奔走。《满洲实录》成书于天聪九年（1635），又名《清太祖实录战迹图》，为图文并茂本，插图中人物的着装即当时的真实写照，在插图中可见，男子普遍足登高筒靴。到清太宗时曾规定，平常人不许穿靴，后来文

图3-16 《满洲实录》插图

武官员及士庶逐渐都穿，但平民仍不允许穿。因东北冬季寒冷，故男靴厚底高筒。早期的靴子多由皮革制成，也有用毛毡制作靴筒的，俗称"毡疙瘩"，后期多用黑皮或黑缎、黑布制作。式样，初期为方头，后来变成尖头，但是朝服仍用方头靴。普通人家的青年人习惯穿薄底的轻便靴，俗称"快靴"，也叫"爬山虎靴"。

除了靴子外，受汉族影响，满族男子也穿布鞋，满族布鞋与汉族布鞋不同，鞋底厚，鞋尖上翘，如船形。在鞋前脸的正中，即两侧鞋帮的缝合处，用一道或二道皮条加固，皮条凸出鞋面，既结实又美观，俗称"单脸鞋""双脸鞋"，又叫"一道筋""二道筋"。男鞋多为青色和蓝色。

乌拉也是颇具满族特色的鞋。"护腊（乌拉），革履也。絮毛子草于中，

可御寒。"东北的冬天，千里冰封，万里雪飘，满族人及其先祖在冰雪中狩猎，为保护双脚，最初用兽皮裹足，逐渐演变成鞋，即乌拉。乌拉用野兽皮或家畜皮缝制，帮和底用一块皮子，没有接缝，雪水就不会进到鞋里，其形状前平、后圆、方口。乌拉内垫乌拉草，俗话说，东北有三宝：人参、貂皮、乌拉草。乌拉草，俗称"羊胡子草"，草细如线，三棱微有刺，经过捶打，柔软如棉絮，垫在乌拉里，隔凉、防潮又暖和，即使在雪地中站一夜，也不会冻坏脚。所以清代人杨宾说："参貂，富贵者之宝也，护腊草，贫贱者之宝也。有护腊草，则贫贱者生，无参貂，则富贵者死。"[1]

平民百姓多喜欢穿乌拉，《黑龙江志稿》记载：农人所用之履系皮革制成，名乌拉，内实以草，即乌拉草，轻便又耐寒。由于乌拉保暖、轻便、舒适，所以也受到东北汉族人的喜爱。后来又有草乌拉、毡乌拉，多为老人、妇女、孩子在家中穿。抗日战争和解放战争期间，东北的人民子弟兵在冬季作战时也穿乌拉。

关于乌拉的来历，有个古老的传说。满族的先人女真人原本不穿鞋子，也没有袜子，在脚上涂层猪油，再用一块袍子皮包裹在脚上防寒。女真族英雄阿骨打要起兵反辽，可是打起仗来没有鞋子。一天，他正在发愁，小儿子金兀术忽然领来一位老猎人。老猎人对阿骨打说："我年轻的时候听说北海边上有一双乌拉鞋，穿在脚上既暖和又结实。据说是北海王子放在那里的，可惜多少代人都没有取来。"阿骨打听完后，独自骑上乌龙驹出发了。他历经艰险来到了北海。在太阳将要落山的时候，阿骨打看见一大堆积雪，心里一

图3-17 皮乌拉与乌拉草

① 杨宾：《柳边纪略》，见《辽海丛书》，第1集，沈阳，辽沈书社，1985。

喜，莫不是那双乌拉被雪埋上了？他扒开雪，里面竟然埋着一个小阿哥，小阿哥已经冻僵了。阿骨打将小阿哥抱在怀里，过了一会儿，小阿哥睁开眼睛，有气无力地对阿骨打说："你想要救活我，一定要打两只马鹿。"说完又昏了过去。阿骨打策马扬鞭，疾驰进入山林，发现了两只马鹿，他搭弓射箭，两只马鹿应声倒下，眨眼间变成了两只石头乌拉鞋。阿骨打想把它们带走，却搬不动，他用斧头砍了一下，却把自己震昏了。他似乎梦见了雪中的小阿哥，小阿哥告诉他说："我就是北海王子，奉父王之命给你送来乌拉，借你反辽起兵用。"阿骨打刚要致谢，小阿哥忽然不见了。待阿骨打醒来，身边放着一双马鹿皮的乌拉。从此，女真人都穿上了乌拉。

北方民族冬季常穿布袜，主要用于防寒。在布袜产生前，人们在冬季往往用皮革或布来包裹脚，再穿高腰的乌拉，逐渐地，裹脚布演变成了布袜。

布袜的结构非常合理，袜腰处的线条与人的腿部线条相吻合，有开口和不开口两种。即使是不开口的，袜腰因为比较宽大，穿脱也很方便。实际穿着时要将袜腰放进靴鞋里，或扎在裤腿中。

布袜的制作根据穿着人脚的尺寸来裁剪袜底，然后配袜腰。布袜发展的历史大致可以分成前后两个时期。前期的袜子以鱼皮、兽皮为主，底和腰不分，袜腰开口的居多。后期的袜子以棉布为主，袜底和袜腰分开裁剪，更加关注人腿部的变化，使袜腰和腿部曲线相吻合，穿起来更舒适。袜腰以不开口的居多。

现代生活中，布袜已经不是必需品，但它在北方民族的历史中曾经存在，不仅仅是生活的必需品，有的布袜也是刺绣的艺术品。绗绣在满族布袜上体现得最为充分，最具有立体性刺绣装饰的风格。满族妇女常常在袜底上进行刺绣，内絮棉花的布袜，在不同针法的压勒下，形成凸凹起伏的立体花纹，充分表现出与满族妇女粗犷豪放性格迥异的细腻和含蓄。

图3-18 布袜

四、配饰

人们除了用服装装扮自己之外，还使用各种饰物来点缀，达到锦上添花的效果，给人以美的享受。生产生活和文化传统对各民族在服饰上的审美标准产生影响，满族人的装饰就具有鲜明的民族特色，从头到脚，满族人佩戴的饰品数量众多，五花八门，却也用途广泛。这些配饰大多来源于生产和生活，许多饰品一直保持着最初的使用功能，它们既是装饰品又是实用的物件儿。

满洲旧俗，男子穿长袍必须系腰带，腰带上挂"活计"。活计就是指腰带上佩戴的小挂件。

图3-19 火镰

清代初期，男子腰间佩戴的物件实用性强，很多与狩猎有关：出门时，腰带上必系小刀、匙子袋、火镰袋、装干粮的布袋、烟袋、手帕等物，这些物件都是出外打猎的必需品。以火镰为例，火镰是用来取火的器物，铁制，形状酷似镰刀，用以敲打火石产生火花，故名火镰。每次出猎，往往需要数日或数十日方归，当他们在森林中获得猎物时，就用火镰燃起熊熊的篝火，将野味放到火上烤熟，然后大家各自用小刀割肉食用。

清代末期，各种物件品种增多，多者达到十余件，但实用性已不大，更多的是起装饰作用，这些物件制作精美，质地优良。更有人用黄金打造出来起象征作用的"七件"挂在腰带上。

荷包是诸多挂件中的一种，满语称"法都"，原本是食袋，以备狩猎时充饥，而后演变成配饰，内装烟草、香料、小食品等。荷包常作为礼品和信物，当小孩满月、生日或青年男女定亲时赠送。每到端午节，人们习惯在荷包内装一些艾蒿末、雄黄、香料等。荷包小巧玲珑，质地与做工都很讲究，一般用绫罗绸缎等上好的面料制作，并绣以各种吉祥的图案或文字。荷包形状繁多，有心形、桃形、葫芦形等。

扳指，又写作"搬指"，是满族男子射箭时在大拇指上佩戴的，以免拉弓勾弦时勒手。多用骨、玉、翡翠、玛瑙等制成指环形状。清后期，随着旗人骑射技艺的衰微，扳指便演变成一种装饰物或艺术品，甚至有人在上面镌刻花纹和诗句。

图3-20 扳指

第三节　满族女子服饰

满族女子的服饰在清代前期和后期变化较大，颇具民族特色，并对现代人服饰有较大影响。

一、发式与头饰

满族女子注重头部的装饰，发型与头饰非常讲究，花样繁多。女子在不同的年龄段、处于不同的地位以及在不同的历史时期，发型和头饰都不同。

未成年时，女子前额头发剪成刘海，脑后梳根辫子。成年妇女的发式，在入关之前，"女人之髻，如我国（指朝鲜）之围髻，插以金、银、珠、玉为饰"①。

满族入关之后，随着生活水平的提高，周围生活环境的变化，女子的发型与头饰也发生了变化。

年轻妇女多梳"两把头"或"把儿头"，即把头发梳到头顶，平分成两把，结成横长式发髻，脑后余发绾成燕尾式的扁髻。两把头要用扁方和发簪固定。

扁方又称"大扁簪"，是一根约七八分宽、一尺来长的大横簪，贯穿于发髻之中，多用金、银、翡翠、玉等材料制成。

中年及老年妇女，一般把头发梳到头顶，盘成一个大发髻，用发簪固定，

图3-21　大扁簪

① 李民寏：《建州闻见录》，影印版，43～44页，沈阳，辽宁大学历史系，1978。

称为"盘盘髻儿"，又叫"团头"。过去，根据发髻的位置就可以区别旗人妇和民人妇，旗人妇的发髻梳在头顶，民人妇的发髻梳在脑后。发簪是许多盘发民族妇女都喜欢的发饰，在固定头发的同时，还能满足美感的需要。民间多用骨质的"骨头簪子"。簪子造型多为长杆状，长三四寸，头尖尾粗。在顶端多以翡翠、珊瑚、珍珠、玉等装饰成花卉、蝴蝶等形状，寓意吉祥。

满族最富有特色的头饰是扇形冠，俗称"旗头""宫装""大拉翅"。它是由两把头的发式演变来的。先把前面的头发分成两绺，在头顶上梳一横长的髻，插一扁方；脑后的余发绾成一个燕尾式的扁发髻。然后在头顶发髻后面戴上扇形冠。扇形冠用青色绸、缎、绒制成，扇面缀满鲜花、珠宝等饰物。头顶大拉翅，身穿长袍，脚蹬寸子鞋，显得人越发俊俏、典雅。旗头梳起来费时费工，并且于行动不便，宫中的女子多梳旗头，而普通满族人家的女子只有在结婚和年节等重大场合才梳旗头。

清代，在盛京地区居住着人数众多的宗室与觉罗。这些显贵之家的妇人们喜欢戴钿子。钿子原本是汉族妇女梳各种发髻的饰品，满族妇女也喜欢。清代的服饰制度规定，不同等级妇女所佩戴的钿子是有区别的。钿子有凤钿、满钿、半钿三种。福格《听雨丛谈》记载："八旗妇人彩服，有钿子之制，制同凤冠，以铁丝或藤为骨，以皂纱或线网冒之……此与古妇人冠子之制相似也。"

图3-22 梳着旗头的满族女子

满族妇女非常注重头饰，早在关外时期，朝鲜人李民寏到建州，见到建州的女人喜欢头上戴花，"野花满鬓，老少无分"[1]；朴趾源《热河日记》载，凤凰山下的满族老妇"年近七旬，满头插花"。这反映了渔猎民族崇尚大自然，有用大自然中的鲜花装扮自己的古老习俗。入关后，富贵者更是在发髻上插戴簪钗等饰物，质地有金、银、珠、玉、骨等。

---

① 李民寏：《建州闻见录》，影印版，43～44页，沈阳，辽宁大学历史系，1978。

图3-23 钿子

二、长袍

有清一代，女袍式样变化较大。女袍最初与男袍无异，因满族妇女善于骑马，所以长袍也是前、后、左、右四开衩，宽腰身直筒式，有箭袖，正所谓"满俗妇人衣皆连裳，不分上下"[1]。到了清代中期以后，女袍完全脱离男式，腰身和两袖逐渐加宽，四开衩变为两开衩，取消了箭袖，样式日趋美观，讲究装饰，在领口、袖头、衣襟等处镶有不同颜色的花边，多者达十几道。一般女袍长不过脚，只有姑娘出嫁时，作为礼服，才穿长过脚面的袍服。至清末民国初，女袍再次发生较大的变化，腰身变窄，臀部略宽，下摆回收，紧身合体，以体现人体美感，衬托出东方女性的端庄秀雅之柔美。

这里需要特别说明旗袍与清代满族女袍的关系。在清代，人分为两大群体，即旗人与民人。在八旗组织当中，无论满洲、汉军、蒙古皆称为旗人；八旗组织之外皆称为民人，主要指汉族人。旗人的服装称为旗装或旗服，而未见有称"旗袍"的。旗袍始见于20世纪20年代的上海。关于旗袍式样和名称的起源，在学术界颇有争议，莫衷一是。笔者认为，旗袍是将清末旗人妇女所穿的袍服与西式裙装相结合的产物。辛亥革命后，受西方文化的影响，女子解放及女权运动蓬勃发展，女子穿男式长袍者越来越普遍。张爱玲在《更衣记》中写道："五族共和之后，全国妇女突然一致采用旗袍，倒不是为了效忠于清朝，提倡复辟运动，而是因为女子蓄意要模仿男子。……她们初受西方文化的熏陶，醉心于男女平权之说，可是四周的情形与理想相差太远了，羞愤之下，她们排斥女性化的一切，恨不得将女人的根性斩尽杀绝。因此初兴的旗袍是严冷方正的，具有清教徒的风格。"汉族女人原本上穿衣，下穿裳，并不穿上下一体的袍子，到了民国初期，女性为了追求解放，脱下衣

---

[1] 震钧：《天咫偶闻》，第10卷，北京，北京古籍出版社，1982。

裳，换上了宽大方正的袍子。当时的上海是妇女寻求解放的中心之地，又是国际化的大都会，华洋杂居，人们借鉴西方女性裙装的式样，将旗袍的式样不断改进，并使之最终彻底脱离了老式样，让女性体态和曲线美充分显现出来，这也正适合当时上海的风尚。所以，旗袍是旗装袍子和西方裙装相结合的新服式，也是中国妇女追求解放的产物。旗袍形成并兴起于20世纪20年代，在"文化大革命"中被视为"资产阶级情调"遭到冷遇。自20世纪80年代改革开放之后，旗袍逐渐复兴，现在女子穿旗袍已成为时尚。

满族女性也穿坎肩。清中期以后，女性坎肩花样翻新，人们在注重实用性的同时也注重装饰性，在领口、袖口、下摆等处镶以各色花边。

女子在长袍里面穿衬衣，衬衣的式样不断发展变化，形成舒袖、挽袖两种袖型，袖口和衣边用花绦镶边加滚，做工精细，越来越趋向于美观化，夏季可以在外面单穿。

除了长袍之外，满族女子也穿裙子。裙子不是满族固有的服饰，而是汉族妇女的服装。满族入关后，受汉族服饰文化的影响，女子也上穿衣，下穿裙。清初时，上衣较长，裙子较短，一般不遮双足。至清末，出现了衣长至胯，裙长至脚脖稍上的款式。贫富贵贱之别在于裙料的质地，样式无大差别，即缝制成筒形套在腰间即可。后来，受布料幅度的限制，又出现了"六幅罗裙""八幅罗裙""十二幅罗裙"等。

领子，古人称作"领衣"，俗称"牛舌头"，是衣服上起保护颈项作用的部分。今天看来，它应该是衣服上不可分割的一部分，而清代满族的衣服却不然，无论男女的袍褂都不缝领子，但是东北的冬季很寒冷，为给颈部保暖，于是另外附加一条领子，俗称"假领"。其中，男式袍褂的领子，式样宛如今天中山装的领子，只是稍肥大些。春秋两季一般用缎子或绸子及细布做成，冬天则用深色的绒布或皮条制作。佩戴时多穿在外褂的里面，翻出来后显得整齐干净。女子服饰也戴领子，实则是一条叠

图3-24　穿长袍坎肩的满族女子

起来的二寸左右宽的绸带子，围在脖子上，并将一头掖在袍子的大襟里，如同系了一条小围巾。

随着社会的发展，衣服款式不断演变，这种附加领子的习惯也逐渐改变。至清末，长袍短褂乃至坎肩也大多有了立领。

除上述服装外，肚兜也是满族男女老少都喜欢穿的贴身小衣。

肚兜即贴胸小衣，俗称"抹胸"或"兜兜"。用布裁剪成圆角方形或方形，上绣花鸟等吉祥图案，顶端以丝绳系于脖颈儿，中间以带子系于腰间。满族人无论男女老少皆有戴肚兜的习惯。肚兜制作、穿戴都很简单，却能很好地起到防止腹部受凉的作用。在近代的东北，无论满族还是汉族，喜欢戴肚兜，每至盛夏，青少年多喜欢赤背戴肚兜。至今，仍有小孩戴肚兜。

 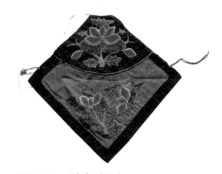

图3-25 肚兜（二）　　　　　　图3-26 肚兜（三）

三、旗鞋

过去辽东地区流传着两句话："父子不同姓，男女一双鞋。"前一句说的是满族人习惯称名不道姓，后一句说的是男女鞋的式样与大小差不多。

满族妇女不裹足，为"天足"，完全不同于汉族妇女的"三寸金莲"。直到中华人民共和国成立前后，在东北民间，还以缠足为"民装"，不缠足为"旗装"来区分旗妇和民妇。裹脚是汉族的习惯。满族进入辽东后，清太宗在许多方面接受汉文化，革除本民族陋习，但在缠脚方面，却是破除了汉族的陋习。清政府明确规定：满族女人不许梳头、缠脚，违者治罪。此后，清朝历代皇帝皆遵祖训，所以满族妇女皆天足。清中叶以后，清政府对东北地区解除封禁令，河南、河北、山东等地汉族人携家带口进入东北，"天足"与"小脚"们杂居相处。在宁古塔地区流传着一首民谣《比小脚》，颇有趣：

> 我脚大，你脚小，坐在窗前比比脚。
> 脚大好，脚小好，阿妈割来乌拉草。
> 捶它三棒槌，变得像棉袄。
> 絮进乌拉里，冷天不冻脚。
> 小脚登，上山峰，跌了一个倒栽葱。
> 鼻子尖，摔通红，眼眶子，磕黢青。
> 扔了裹脚布，换上乌拉草。
> 穿上皮乌拉，小脚变大脚。
> 可在雪里站，能在冰上跑。
> 回家对你额娘说，民装哪有天足好。

诙谐的民谣唱出了满族女子对自己天足的自豪。正因为满族女子是天足，故而有"男女一双鞋"之说。

女鞋主要有旗鞋和平底布鞋两种。

旗鞋又称"寸子鞋"，最具民族特色，其最大的特点是在鞋底中间的位置有一个"高底"，又称"寸子底"，底高者超过4寸，矮者也有1寸左右，类似今天的高跟鞋，不过鞋跟在中间。鞋底由木板糊制而成，其造型有类似花盆的，称为"花盆底鞋"；有类似马蹄的，称为"马蹄底鞋"；有类似元宝的，称为"元宝底鞋"。鞋面绣有各种花鸟纹饰，或绚烂多彩，或素净淡雅。寸子鞋多为贵族家庭妇女穿用，普通百姓家女子只有在结婚或节庆日子才穿这种鞋。寸子鞋可以增加身高，使人显得挺拔。满族妇女梳着高耸的旗头，身着长旗袍，脚蹬寸子鞋，走起路来袅袅婷婷，婀娜多姿。由于穿寸子鞋行走不

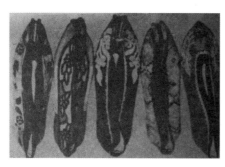

图3-27　旗鞋

图3-28　弓鞋

太便利，实用性较差，所以清朝灭亡后，这种鞋便在人们的日常生活中消失了。今天，在现代文体表演或娱乐活动中仍可以见到。

在清代，满族女子日常穿的是平底的便鞋，又称绣花鞋。鞋面浅而窄，用缎、绒、棉布制成，绣以花鸟等图案，鞋脸作单梁或双梁。柔软舒适，便于行走。

过去，满族人家的女孩都要学习刺绣，做绣花鞋。一双绣花鞋做得好坏，直接决定婆婆对儿媳妇的印象。

辽宁省是满族的故乡和清朝的发祥地，这里留存下了大量满族遗风，制作和穿用绣花鞋便是其一。宽甸满族自治县的赵玉兰老人自幼跟着家里老人学习传统的满族刺绣，学做绣花鞋。现在，老人家虽已年近九旬，却每天手不离针线，制作绣花鞋。宽甸满族绣花鞋已成为辽宁省非物质文化遗产，赵玉兰老人是该遗产项目的传承人。

图3-29　寸子鞋

四、首饰

满族妇女继承了女真人耳垂金环的习俗。朝鲜人李民寏在《建州闻见录》中描绘：建州卫女人"耳挂八九环，鼻左傍亦挂一小环"。不知李民寏是否夸张，但在清代，满族妇女确有"一耳戴三钳"的习俗，他们称环形穿耳洞式的耳环为"钳"。女孩出生几天后即在耳垂上扎三个小孔，以备戴耳环。据《大清会典事例》第1114卷记载，乾隆四十年（1775），高宗在阅选秀女时说："旗妇一耳戴三钳者，原系满洲旧风，断不可改。昨朕选看包衣佐领之秀女，皆带一只耳坠子，并相沿至于一耳一钳，则竟非满洲矣。"富贵人家的女子戴金银耳钳，贫穷人家戴铜耳钳。

清代的满族妇女逐渐不再系腰带，身上带的活计数量少，只在衣襟扣袢上佩戴挂件，以作装饰。

蒙古族也有这种佩戴习俗。为了生产劳作的需要，人们常常会把一些小型工具带在身边，于是形成这种习俗。

妇女所戴戒指称"指环"，东北方言称"镏子"。清代东北满族妇女多戴金戒指，俗称"金镏子"。

第四节　满族婚丧服饰

一、婚礼服饰

新郎服饰：头戴红缨帽，也称"小登科帽""官帽"；脑后梳大发辫；身穿箭衣，腰扎"达苞带"，脚穿毡靴；上身斜披一块红绸子，胸前戴朵大红花。

新娘服饰：头梳发髻，扎绒绳，戴红花、簪子等头饰；身穿大红袍，俗称"拉草衣裳"，就是妇女跟随男人出外打猎、打草时穿的衣服，意在不忘过去；脚穿崭新的绣花鞋；胸前挂一面铜镜。进门以后，由两个女孩再把另外两面铜镜搭在新娘的肩上，前胸一块，后背一块，意在驱灾辟邪，皆源于传统萨满服饰的习俗。脚穿绣花鞋或者"达苞鞋"。头顶红盖头，盖头的四个角上拴着四条穗，每条穗坠有一二枚大钱儿。在婆家开脸后，改梳大拉翅发式，或带上钿子。

图3-30　满族剪纸——新娘新郎

二、丧礼服饰

明代的女真人实行火葬，根据历史文献记载，满族在进入辽沈地区之后，直至顺治、康熙两朝，不论关内关外，仍然以火葬为主。乾隆朝以后，受汉族丧葬习俗的影响，实行土葬。但在东北，尤其是满族聚居的黑龙江地区，在嘉庆、道光年间仍有火葬的记载。

满族进入辽东之后，受汉族人影响，逐渐尊礼服丧。

逝者头戴秋帽，身穿长袍，上罩马褂，脚穿布靴。从里到外少则穿戴一或三套，多者达到七或九套，寿衣套数必须是单数。制作寿衣避免使用缎子、扣子、领子，而要用绸子、带子。忌讳"断子""扣子""领子"等音，以图吉利。

为了表示对逝者的尊重，人们对孝服很重视，在辈分、性别方面都有讲究。如吉林地区的满族，凡男子不戴特制孝帽，只在平日戴的帽子上缝一白布帽圈。凡妇女均用白布叠成孝帽，放下发髻，用白布带扎在头发根处，垂于脑后，再按辈分编成若干条小辫儿。孝子鞋上蒙白布，若父母双亡，鞋面全蒙上，若有一位老人活着，则只蒙半截。孝服需穿百日，百日后除服。《凤城县志》记载，亲人亡后三年内，"男不衣红，女不簪花"。民国以后，满族孝服式样出现了素白孝衫，系黑或白腰带，这是受汉族丧葬习俗影响的结果。

在东北，由于地域不同，丧礼服饰略有不同；另外，满洲旗人和汉军旗人在丧礼服饰上也存在差异。

第五节　满族服饰结构及工艺特色

一、服饰结构特点

纵观丰富多彩的满族服饰，不难发现其整体结构具有鲜明的特点，如连身、连袖、无袖、可拆卸等。

1. 单片结构

肚兜是最具有代表性的单片结构服饰。过去满族老幼妇孺皆习惯戴肚兜，它的作用相当于今天的贴身背心。其形状多为方形或圆角方形，裁去上

图3-31　旗袍的连袖结构

角后形成领口弧线，再按本旗颜色，镶一寸宽彩布，在顶端缝绳线系挂在脖子上，两侧的带子系于腰后，兜布挡住肚脐、小腹。通常，成人的肚兜分内外两层，两边有开口，从开口处可以贴身放钱物。肚兜下角的形状因性别而不同，男性的肚兜底边是尖状的，女性的肚兜底边则是弧形的。小孩的肚兜多用红布，成人的肚兜多外用黑布、里子用白布。不论男女老少，肚兜上都绣有五颜六色的吉祥图案。

2. 连体结构

袍子宽腰身、直筒式，上下贯通，是连体结构。它和汉族的上衣下裳分体结构截然不同。为符合人体的变化，需要在裁剪前调整服饰结构，根据穿衣人的体型裁剪，使平面裁剪出来的袍子是立体的，穿上后服帖于凸凹有致的身体。

看似平面的袍服，实际上也是讲究立体结构的。人体在外观平板的服饰内可以自由活动，远没有现代适体服饰的刻板和限制。连体结构极大地减少了裁剪缝合制作工序，服饰整体造型通达利落。

3. 连袖结构

连袖结构是指袖中线与小肩相连为一体而无肩斜线的一种袖型。整件衣服连袖基本上由一整块布裁成，缝线减至最少，以平面裁剪为主。因为袖片与服装本体连接在一起，故而省略了上肩工艺的麻烦。其外观结构简洁，线条流畅，穿着舒适。

4. 无袖结构

坎肩是满族服饰中非常有特色的结构造型。它长度及腰，最初为了保暖。坎肩穿在袍服里面，后来逐渐外穿，穿在了袍服或马

图3-32　琵琶襟坎肩

褂的外面。

坎肩造型结构丰富，设计变化最多的是领子、门襟、袖笼、底摆等部位。门襟变化有大襟、对襟、横开襟、琵琶襟等样式。袖笼挖切非常夸张，其深度与现代坎肩袖笼结构差异很大，是与传统便服结构相配合的，外穿方式也促使它的袖笼深度加大。由于受袖笼深度的影响，肩线也形成不同的宽窄变化，侧缝下沿与底摆适应，形成平、圆、翘等各式造型。

5. 拼接结构

拼接结构在满族服饰中占有很大比例，是满族服饰特点之一，尤其是宫廷的长袖袍服几乎都有拼接结构出现。拼接结构以应用在衣袖部位居多，也有用在袍服襟摆部位的。衣袖还呈现出多次拼接的效果，拼接点在肘、腕等位置。如果想镶嵌其他花色面料也是以肘部为起点，向腕部拼接，包括可以替换的袖头、普通袖头、多层袖头、大挽袖的挽边等。

图3-33　彩绣旗袍

裤子是以腰为拼接点，连接高腰。有的还在裤身前片拼接布幅，以满足裤子肥度的需要。

图3-34　镶白旗八旗兵甲胄

6. 拆卸结构

从方便实用的角度来设计结构，满族服饰有很多部件可以根据需要进行拆卸。最具有代表性的是八旗兵的甲胄，肩、上衣、裙由多个片组成，可根据战斗的需要随意拆卸。再如一字襟马甲，也可通过解开纽襻（pàn）拆卸前后片。

在东北，通常棉衣要1~2年拆洗一次，在漫长而寒冷的冬天，人们无法随时洗涤整件棉衣，只能进行局部清洗。为此，满族服饰中还有为专供拆洗替换而单做的袖口、领衣、套裤。后来在袍服上出现的立领，也是最后缝合在领口上的。这些容易污损的部位可以通过拆卸的方式进行更换①。

二、服饰工艺发展演变

就一个民族而言，不同历史时期，服饰工艺也不尽相同。服饰有对自身古老工艺的传承性，即对历史的继承性，又有不同时期的革新与创造。

有清一代，满族民族共同体是在不断融入汉族、蒙古族及北方其他少数民族的基础上形成的。在满族的发展过程中不断吸纳其他民族的文化，这也表现在吸纳其他民族服饰工艺上，使满族服饰工艺具有鲜明的时代印记和民族特色。

1. 吸收草原民族皮革制作工艺

图3-35　孝端文皇后画像

爱新觉罗家族自清太祖时起就与蒙古族联姻，到清太宗时，崇德元年（1636）称帝，所封五宫后妃，全部来自蒙古部落，自此始，有清一代，"北不断亲"。在八旗社会组织内，满洲和蒙古结亲也屡见不鲜。在女主内的封建社会，家庭中主持缝补制衣的女人们，很自然地会把自己从小接触到的女红技艺带入新的家庭和生活中，逐渐使之成为满族工艺中的一个组成部分，丰富了满族服饰的制作工艺。

满族服饰中有很多沿边缘而做的镶嵌包边工艺，用棉布包边，使经常摩擦部分减少破损程度，既实用又具有美观性能，这是皮革材料中常用的工艺技法。

此外，熟制皮革也是技术要求非常高的工艺。满族在入关前或者更早些时候，主要用皮毛缝制衣服。

牛皮乌拉是满族人常穿的，从制作牛皮乌拉的工艺看，与赫哲族的鱼皮乌拉同属一门技艺，都是鞋底包鞋面的形式，也

图3-36　鱼皮乌拉

---

① 满懿：《旗装奕服：满族服饰艺术》，北京，人民美术出版社，2013。

都是利用鞋面上的褶皱来调节宽窄肥瘦。甚至可以说，牛皮乌拉是满族传统服饰中最具有原生态的服饰，直到今天，在东北的偏远地区还有人在穿用它。

2. 农耕民族对满族服饰工艺的影响

在满族民间故事中，被称为纺织女神的安春阿雅拉死后把自己的头发变成野麻，托梦给族人，教会他们用野麻织布做衣服的技艺。满族在进入辽东之前不会种棉花，只是利用野生的麻来纺线做衣服。进入辽东后，学习农耕民族汉人的种棉织布技术。棉布的使用大大补充了原有的皮革材料，很多满族人家都是自己种棉花、纺线、织布、染色、制衣。

以棉布材料制衣已经成为非常普通的民间技艺，由此也可以看出，伴随着满族的南迁，受汉文化的影响，满族皮革服饰逐渐被棉布服饰所替代，服饰制作工艺也随着面料的改变而改变，棉布制作工艺渐渐取代皮革制作工艺而成为主要工艺。同时，服饰制作工艺也由适合皮革的粗犷工艺逐渐转为适合棉布丝绸的精细工艺——满族选择了更适合布衣的工艺技术。

兽皮变棉布，兽筋变丝线，骨针变钢针，这一系列原材料和工具上的变化，导致服饰制作工艺从裁剪方式到缝制方式的彻底改变。过去需要经过拼合材料后才能得到所需要的幅宽，发展到可以直接从机织面料上剪裁，省掉了裁剪前拼接的工艺程序。满族南迁后，生活地域的气候较原来温暖了很多，致使服饰结构发生变化，也影响到原来的工艺程序。例如，袍服上的箭袖不再是必需的部件，即使有也不会用过去的长度，仅仅是护住手背就能满足需要。那些省略了箭袖的服饰也就省略了箭袖的制作程序。

使用棉布以后，满族的棉袍与祖先们的皮袍相比，多了一道絮棉花的特色工艺程序。絮棉花，是东北棉服中最具有技术性的工艺。在普通人家，絮棉衣使用新旧两种棉花，所谓七分旧花三分新花。将新棉花絮在贴身的一面，旧棉花絮在外面，这样旧棉花密实如毡能抵挡风寒，新棉花贴身柔软暖和。只有结婚的服装才全部使用新棉花。絮新棉花的棉衣需要用重物压上数日。一般多是在夏天做棉

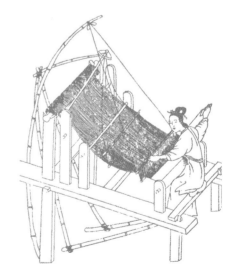

图3-37 织布机

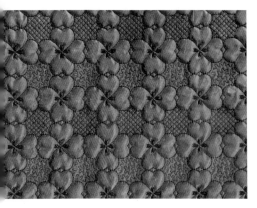

图3-38　现代的机器绗绣

衣，天气转凉时穿用。絮棉花时，将棉花的纤维按照一定的顺序，一缕一缕地叠压成片，薄厚均匀，没有空洞。满族棉袍需要大面积絮棉花，并且要在絮棉花以后进行固定的绗缝工艺程序。如果技术欠佳，就会在以后的拆洗中发现大小不一的空洞。

绗缝，就是在夹有棉花的布料上进行攻针的缝合，将两层布和棉花纳合为一体。绗缝时，最为讲究的是针脚与行距。老人们会选择与面料相同颜色的棉线，在面料上很难看出针脚。里料颜色浅淡，但在里料上露出的针脚非常细小，一般只有1毫米针脚，行距通常为4厘米。所以，在来年拆洗时，拆绗线是非常累眼睛的事情。绗缝时不能用力过度，否则会使棉衣变得生硬死板，穿起来既不舒服又不保暖。在棉衣边脚一般不放置棉花，而是通过叠合翻卷形成比较厚的边，与有棉花的衣身形成统一和谐的效果。

绗缝演变成绗绣，成为满族与北方各民族刺绣中的又一特色。北方寒冷的时间较长，人们习惯在靴子里穿布袜，并且穿布袜子上炕又是常事儿，所以，北方妇女选择在布袜上刺绣，展现其高超的女红功力。满族服饰中常见在袜底上绣花，以用白色或黄色线居多，精美的刺绣图案反映出北方女性粗犷中细腻与温柔的一面。

不论是绗缝还是绗绣，在没有机器帮助的情况下，手工攻针成为使用最多的针法，合缝、包缝、倒缝都成为在服装上应用最多的工艺。这些都是在皮革材料中很少用到的制作工艺。

3. 原始工艺演化成现代工艺

在服饰材料方面，满族在早期多选用兽皮和鱼皮，经常会使用拼接工艺将小张皮革连缀成较大的面料。成语"集腋成裘"就是对这种工艺的描述。

制作皮革服饰多会用连针，使厚重的面料避免由于翻卷而出现线棱，影响穿着的舒适度。

图3-39　黑龙江女真人穿着

这种原始皮革面料上所用的拼接工艺，在服饰面料转化成棉丝面料以后，就逐渐演变成镶嵌工艺了。镶与嵌是两种不同的工艺。镶，是将布料边缘内转叠压在下面，使面料和镶条成为有凸起效果的一体。一般在镶花绦时，选用和花绦相同颜色的线，使用攻针法将花绦固定在服饰上。如果选用与服饰面料相同的布料，会用缲边方法，将缝合线藏在布料里，形成外表光滑的效果。嵌，是将嵌料夹在两块布料中间，平坦光滑，形成富有变化的整体。因为嵌是将缝合毛边放在服饰里面，贴合于内，所以外表看不到缝合的线。由于旧时的家织布料幅宽在2.2~2.4尺之间，在剪裁袖长时还是需要拼接面料的，所以满族人在制作袍服时就利用拼接工艺将另色布或花绦子加入其中，既满足了拼接需要，又继承了祖先的拼接工艺，成就了一种特殊的装饰手段。

4. 工业化的影响

现代工业的介入，使很多传统技艺失去了用武之地，人们的审美思想随之也开始由自然随意转向规范严谨。

缝纫机的使用是中国服饰史上的一次革命，它提高了服饰制作速度和质量，也赋予了服饰大工业文明的气息，整齐划一的线迹代替了手工操作的自由随意。例如，满族人所用的花边绦子都是通过机器提花制造出来的。

5. 吉林省吉林市满族旗袍制作工艺

在吉林省非物质文化遗产保护名录中，有一项是满族旗袍制作工艺，该项目的传承人是吉林市的刘淑芬女士。刘淑芬的爷爷曾经是清代皇宫中专门为宗室做旗袍的工匠，制作旗袍的工艺经过刘淑芬的父亲又传给了她。刘淑芬完全用手工制作旗袍，每一针一线都很讲究。2007年，刘淑芬的旗袍制作工艺被列入吉林省第一批

图3-40　脚踏缝纫机

省级非物质文化遗产名录。

在2010年的上海世博会上，刘淑芬和她的弟子向国内外游客展示了传统的满族旗袍制作工艺，这原汁原味的民间工艺引起了游客们极大的好奇心，赢得了满堂喝彩。

东北的满族人生活在广袤的寒冷地带，渔猎于江河山野之间，直接继承了女真人喜尚皮裘、适于射猎的服饰传统，同时又融会了蒙古族和汉族等民族的服饰元素，形成了具有浓郁的民族风格及地方特色的满族服饰。浏览一幅幅古朴、清新流畅、充满情趣、多姿多彩的满族服饰画卷，精彩纷呈，令人流连忘返。

有清一代，满族服饰在东北地区影响力最强。《黑龙江志稿》记载："各城妇女皆满装，即垦民亦习从之。"不仅满族人穿满装，即使从关内迁来的汉族人，天长日久也被同而化之，习惯穿满服。满族服饰的影响力持续最久，在20世纪五六十年代，满族传统服饰仍很常见。

现在，满族传统的缅裆裤、乌拉鞋、寸子鞋等早已退出了人们的日常生活，但是这些传统服饰仍具有不可忽视的历史价值和现实意义。

首先，这些服饰是满族文化的结晶，体现着该民族的民俗特征，蕴含着深厚的文化底蕴，是我们研究满族历史与文化的重要依据。

其次，对于今天的服装行业也具有历史价值。随着我国经济的发展，人们对服装的需求也呈现出多元化的特点。现在，服饰已进入多元化、多样性、多层次的融合中，回归自然是现代的时尚，满族服饰当中的图案、制作工艺和设计理念等充满着自然的灵性，它一定会带给现代服饰行业以鲜活的生命力。

图3-41　满族服装上的刺绣

第四章
东北民间蒙古族服饰

　　蒙古族是一个历史悠久而又富有传奇色彩的民族，曾经建立横跨欧亚的元朝帝国，历时百余年。明灭元，蒙古族游牧于长城以北地区，所居之地东起兴安岭，西越阿尔泰山，北抵贝加尔湖。按照其地域分布，明朝将其分为三大部：漠南蒙古、漠北蒙古、漠西蒙古。至清代，蒙古三大部先后归属于清政府，除在清初编入八旗的部分之外，清朝在蒙古族分布地区建立盟旗制度，以管辖各部蒙古。其中，漠南蒙古即内蒙古地区，被称为内札萨克蒙古，漠北、漠西等其他地区被称为外札萨克蒙古。

　　现在，我国境内的蒙古族主要分布在内蒙古自治区、东北三省、新疆维吾尔自治区、甘肃省、青海省、河北省等地，其他省市也有少量分布。其中，内蒙古自治区有400余万蒙古族人；东北三省共计近百万蒙古族人，有4个蒙古族自治县，分别是辽宁省阜新蒙古族自治县、辽宁省喀喇沁左翼蒙古族自治县（隶属朝阳市）、吉林省前郭尔罗斯蒙古族自治县（隶属松原市）、黑龙江省杜尔伯特蒙古族自治县。东北三省是除内蒙古自治区之外蒙古族的主要居住地区。

　　蒙古族在历史的进程中，创造出了灿烂的文化，形成了独特的社会文化生活风貌，服饰便是其中的一道亮丽风景线。蒙古族非常重视服饰，在土尔扈特部落中有句谚语：可以没有牛羊，但不能没有灵魂和服饰。将灵魂与服饰相提并论，可见服饰的重要性。从远古到现在，蒙古族在长期的生活和生产实践中，发挥聪明才智，不断吸收其他民族服饰精华，逐步完善和丰富了自己的传统服饰文化，创造出了许多精美绝伦的服饰，为中华民族的服饰文化宝库增添了灿烂的光辉。

　　2008年，蒙古族服饰被列入第二批国家级非物质文化遗产名录，其传承人是鄂尔多斯市乌审旗的斯庆巴拉木女士。斯庆巴拉木

图4-1　穿长袍戴头饰的蒙古族女子

从事蒙古族服装、首饰制作及蒙古族刺绣工艺60余年，被誉为"明星绣花女"。

此外，吉林省前郭尔罗斯蒙古族自治县的蒙古族服饰也被列入省级非物质文化遗产。

第一节　适合高原游牧的蒙古族服饰

蒙古族源于东胡之鲜卑，《旧唐书》中称其为"蒙兀室韦"，发源地在今呼伦贝尔草原。唐代开成年间，蒙兀室韦向西发展，进入蒙古高原，与留居蒙古高原的突厥语族居民融合，成为真正的草原民族，始称"蒙古"。

千百年来，蒙古族过着"逐水草而居"的游牧生活，足迹遍布中国古代苍茫辽阔的北方草原。"敕勒川，阴山下，天似穹庐，笼盖四野。天苍苍，野茫茫，风吹草低见牛羊。"一首大气磅礴的《敕勒歌》描绘出了大草原的景色和游牧民族的生活。游牧即居无定所，从事畜牧。游牧经济的重要特征：游牧民以畜牧作为经常的经济活动形式，终年实行严格的集体游动放牧的畜牧业经营方式，这是基于保护稀缺的水资源和可持续轮换使用不同的草场的人类智慧和文明，这就需要游牧民族进行周期性的迁徙。蓄养马群是蒙古族的主要经济来源，马既是生产资料，又是生活资料，还是游牧、狩猎时的必备骑乘。蒙古族不论男女老幼皆会骑马，男孩在五六岁就能跨在马上自由驰骋，跟随父兄放牧。男孩到了十岁左右，便可以不用马鞍而驾驭精悍的马了。蒙古族人驾驭马的办法十分高超，野生的烈马一经其驾驭，便成为驯服的良马。跨骏马，在草原上驰骋是蒙古族人最快乐的事，他们每天大部分时间是在马背上度过的，所以，蒙古族又被称为"马背上的民族"。

蒙古高原海拔高、地形复杂，导致气候变化多端。最热的月份和最冷的月份平均气温相差极大。冬季漫长寒冷，最低气温可达零下三四十摄氏度，并伴有大风雪；夏季短暂炎热，最高温度可达零上三十多摄氏度，光照充足，紫外线强烈，降水少，气候干燥。

鉴于蒙古族的游牧生活和蒙古高原的气候状况，他们的服饰必须适应高原的自然条件和骑马放牧的生活。防风抗寒并便于骑乘，这是蒙古族服饰的根本特点。如蒙古族典型的服饰长袍、腰带和靴子，无不体现高原游牧的特点。在漫长的冬季，蒙古人用羊皮做长袍，袍子宽大开衩，而袖子窄瘦，这样方便扬鞭策马。袍子高领，可以抵挡风沙，防寒。袍子外面束腰带，目的是保暖；靴子多用牛皮、马皮等制成，抗寒性能好。高高的靴筒便于骑马和在草地上行走。靴子的式样分靴尖上卷、半卷和平底不卷三种，分别适宜在沙漠、干旱草原和湿润草原上行走，并且上翘的靴尖方便勾踏马镫。

蒙古族在历史的进程中，不断吸收其他民族的服饰元素，结合本民族的生产生活特点，创造出了独具特色、丰富多彩的服饰文化。

第二节　蒙古族男子服饰

头戴宽檐笠帽，身穿右衽长袍，腰间系带，脚蹬皮靴，这是蒙古族男子最普通的装扮形象。

一、发式与帽子

蒙古族男子喜欢顶冠戴帽，其发式经历了一个很大的变化过程。

1. 发式

公元13世纪，意大利主教约翰·普兰诺·加宾尼出使蒙古帝国驻军所在地，他对蒙古男子发式是这样描述的：

在头顶上，他们像和尚一样把头发剃光，剃出一块光秃的圆顶，作为一条通常的规则，他们全都从一个耳朵到另一个耳朵把头发剃去三指宽，而这样剃去的地方就同上述光秃圆顶连结起来。在前额上面，他们也都同样地把头发剃去二指宽，但是，在这剃去二指宽的地方和光秃圆顶之间的头发，他们就允许它生长，直至长到他们的眉毛那里；由于他们从前额两边剪去的头发较多，而在前额中央剪去的头发较少，他们就使得中央的头发较长。其余的头发，他们允许它生长，像妇女那样；他们把它编成两条辫子，每个耳朵后面各一条。①

图4-2 契丹男子发式

蒙古族男子的发式是留前额和两侧的头发，余者皆剃去。前额的头发垂着，及长即剪；两侧头发编结成辫子。有一定身份或社会地位较高的男子会把头发编织成发环。这种发式还有个形象的名字叫"三搭头"。除了将辫子编成发环之外，还有不少人将后面的头发编成独辫垂于脑后。

蒙古族源于东胡，古代东胡人及其后代皆髡发，如鲜卑、契丹、女真等。髡发的特征是将头顶部分的头发全部或部分剃去，只在两鬓或前额留少量头发。因民族不同及所处的历史时期不同，髡发有多种形式。契丹男子，有的只留下前额、两鬓及后脑勺下面的一圈头发，余者剃光；有的只留两耳上面的少量头发，编成辫子垂于肩；女真男子则只留颅后发，编一条辫子。蒙古族男子的三搭头是髡发中的一种。

至清代，受满族男子发式的影响，蒙古族男子改变了原来的发式，也把

图4-3 蒙古族男子发式

---

① 道森：《出使蒙古记》，7页，吕浦，译，北京，中国社会科学出版社，1983。

周围的头发剃去，只留颅后发，编成一条辫子，垂在脑后。

2. 帽子

蒙古族男子一年四季皆喜欢戴帽子。

元代，蒙古族男子常用的帽子主要有三种，即"钹笠""暖帽""四方瓦楞帽"。

钹笠，形制为圆顶，底边出檐，类似遮阳帽，因为形状像钹而得名，夏季多戴它。有一定身份和地位的人，热衷于对笠帽的装饰，有的用多达数十种的珠玉宝石来装饰笠帽，以显示自己的地位和富有。钹笠有多种样式，如"钹笠冠""带缨钹笠冠""后带帔钹笠冠""后戴帔宽檐钹笠冠"等①。传说钹笠原来是没有帽檐的。据《元史·后妃传》载：元世祖忽必烈在每年的六、七、八三个月必须到上都避暑狩猎，至九月再回大都。随行的察必皇后见世祖狩猎时，阳光太刺眼，便将帽子加了前檐，以遮阳光。于是便有了带帽檐的钹笠。

暖帽是冬季里戴的，多用珍贵的皮毛制成。有"皮暖帽""后带帔皮暖帽""后带帔金锦金答子帽""钹笠冠暖帽""红金达子暖帽""白金达子暖帽""银鼠暖帽""尖顶皮暖帽"等样式。

四方瓦楞帽，形似瓦楞，故得名。元朝规定：汉人官员戴唐代以来的幞头，而蒙古官员戴四方瓦楞帽，不过帽式有高低宽窄之分，且往往装饰以珠宝，以体现统治民族的优越性。瓦楞帽内用细藤编成，帽外面或用毡或用

图4-4　元代蒙古族服饰

① 曹喆：《中国北方古代少数民族服饰研究：元蒙卷》，99页，上海，东华大学出版社，2013。

革，帽顶用珠玉等装饰。

元朝严禁民间仿制皇帝帽子的式样，否则，制作者要被处死。

清代，蒙古族男子在夏季头系绸围或仿旗人男子戴红缨凉帽，冬季戴卷边红缨暖帽、大耳羊皮尖顶风帽。在会客或宴席上戴礼帽。礼帽多用呢料制作，为椭圆形有宽边檐的帽子，多为棕色、黑色或灰色。

到了近现代，蒙古族男子多戴圆顶立檐帽，用珠子装饰帽顶。

二、袍服

蒙古袍是蒙古族的传统服饰。蒙古族男子春夏秋冬四季皆爱穿袍服，春秋穿夹袍，夏季穿单袍，冬季穿皮袍或棉袍。

元代是蒙古袍的发展期，至清代，因清政府对蒙古族实行盟旗制度，将每个旗的地域固定下来，不允许越界放牧，于是各部落逐渐形成了具有自己特色的袍服样式。

1. 袍服的式样

关于元代的蒙古族袍服式样，在《蒙古史》中记载：

> 这种长袍是以下列式样制成：它们［二侧］从上端到底部是开口的，在胸部折叠起来；在左边扣一个扣子，在右边扣三个扣子，在左边开口直至腰部。各种毛皮的外衣样式都相同，不过，在外面的外衣以毛向外，并在背后开口；它在背后并有一个垂尾，下垂至膝部。[①]

所谓"［二侧］从上端到底部是开口的"，说的是蒙古袍左右两侧开衩，目的是骑马方便。到了近现代，经过数百年的发展，各地蒙古袍已经有了差别。如鄂尔多斯地区的蒙古袍两侧均不开衩，只留有浅口；察哈尔和科尔沁地区的蒙古袍，则是开衩的。

"在右边扣三个扣子"，指的是蒙古袍是右衽。衽，指的是衣襟。在我国古代，衣服多为交领斜襟，中原人尚右，习惯衣襟向右掩，称为右衽；部分少数民族习惯将衣襟向左掩，如突厥人。所以，通常以左衽和右衽来区分汉族和少数民族，但在一些历史时期，汉族受外族影响，也有过左衽的情况。在华夏文化中，左衽代表着野蛮、落后的异民族。元朝时规定：百官公服为

---

① 道森：《出使蒙古记》，8页，吕浦，译，北京，中国社会科学出版社，1983。

图4-5　元朝蒙古族男子服饰

右衽。受官服的影响，民间也用右衽，但妇女和幼儿仍用左衽，这在各地元代墓葬壁画中都有体现。

袍服的领口多为道服领，少数是方领口。领子比较高，起到保暖和保护脖颈的作用。草原地带冬季寒冷，风沙大，风裹挟着沙子，打在脸和脖子上，像刀割一样疼痛，高高耸起的领子能很好地保护脖颈。

袍服由上衣和下裳在腰间相连而成，腰身宽大，肥大的目的是能裹住整个身体。另外，它还可以多用，白天当衣穿，晚上当被盖，即所谓"昼为常服，夜为寝衣"。袍子是大襟设计，大襟拉过来盖住整个前半身，下面是底襟，大襟和底襟重合相当于前面穿了两层衣服，冬天再大的风也吹不透。左右两侧不开衩或者只留浅口的袍子，并非直筒式，而是下摆肥大，呈喇叭状，这种设计是为抬腿上马方便，上马后，肥大的下摆还能遮住腿和臀部。

袍服的衣袖较长，又有带马蹄袖和不带马蹄袖之分。马蹄袖即在袖口接出一块，形似马蹄，故名。女真族男子的箭衣也是马蹄袖。马蹄袖可以卷起、放下，起到手套的作用。

蒙古袍按照季节分，可分为单袍、夹袍、棉袍和皮袍，皮袍又分为吊面皮袍、白茬皮袍和翻毛皮袍等。

2. 袍服的面料及颜色

蒙古族服饰面料的变化经过了一个漫长的发展过程。最初，该民族从事狩猎业，用兽皮加工服饰。进入草原之后，随着畜牧业的发展，开始用家畜皮毛做服装。《蒙古秘史》记载，古代蒙古人主要的服装是羊皮短衣。随着历史的演进，蒙古族和其他民族如契丹、突厥交往，尤其是唐宋以后，棉麻、

图4-6　蒙古族男子
服饰

绸缎及天鹅绒织锦等进入蒙古各部落，蒙古人制衣的面料变得丰富起来。大蒙古国成立之后，占据了欧亚大陆的陆路商道，从契丹和东方国家，甚至从波斯等地区运来的丝织品、棉织品、织锦等源源不断地进入大蒙古国境内。北方许多降服于他们的地区送来了各种珍贵的皮毛。蒙古人在夏季选用纺织品类作为衣料，冬天则用毛皮制作衣服。冬季的毛皮袍服通常要做两件，一件是毛在里面，另一件是毛在外面，以御风寒。

元代，蒙古族进入中原之后，贵族的服装面料越来越华丽贵重，《马可·波罗游记》中记载："富裕的鞑靼人，衣着十分讲究，穿的衣服都是用金银丝线织成的布匹，或用黑貂皮、貂皮和其他动物的皮制成的，极其华丽昂贵。"[1]元朝大帝国地跨欧亚大陆，物产丰富，蒙古人开始大量使用丝织品、棉织品来制作服饰。但冬季，为了防寒，仍然习惯使用毛皮做长袍。普通百姓，夏季多用棉麻缝制袍服，冬季用羊皮、犬皮作为袍服的衣料。

贵族男子的袍服多用青、红、蓝、白等颜色。平民禁止使用鲜明的颜色，多为黑、蓝、棕、灰等暗色。贫苦的农牧民只能穿没有布面的白茬皮袄。至近现代，由于丝织品的花色越来越丰富，蒙古袍在大襟、领座、领口、袖口、下摆处用缎子或丝绸镶边。

三、腰带

腰带是蒙古袍不可缺少的部分，通常用棉布或绸缎制成，长三四米。腰带对于蒙古族牧民来说非常重要，首要的作用是保暖，所谓"腰暖一根带"。蒙古袍肥大，不贴身，而草原又多风，用腰带把袍子扎起来，就暖和了。其次，腰带上可以系挂东西，烟袋、食品袋、腰刀等都可以挂在上面。通常是右边挂腰刀，左边挂烟袋。烟袋后来逐渐演变成烟荷包。烟荷包用绸缎做面，上绣图案，下面有长长的丝织衬穗，走路时穗子随身摆动，动感十足。

---

① 马可·波罗：《马可·波罗游记》，64页，陈开俊，等译，福州，福建科学技术出版社，
1981。

再次，扎腰带将长长的蒙古袍分为上下两个区域，上面宽松的袍子里面可以塞进很多东西，如酒、茶、糖等。最后，腰带具有美化装束的作用，宽松肥大的蒙古袍使人看起来邋遢臃肿，系上腰带，人显得精神抖擞。同时，腰带可与袍服在颜色上进行搭配，若是深色的袍服，可用颜色鲜亮的腰带，使整个装束有了亮点，不再显得沉闷。

四、靴子

蒙古族人爱穿靴子，它是蒙古族在长期生产和生活实践中创造出来的，非常适合放牧生活和牧区的自然环境。

靴子由靴腰、靴帮、夹条和靴底四部分组成。根据靴子的样式、面料和高矮的不同，可分为若干种类。根据样式分为尖头靴、圆头靴、小尖头靴；根据面料分为布靴、毡靴、皮靴；按照靴子的高矮，可分为高靴、中靴和矮靴。也有人将它们归类于传统蒙靴、马靴、圆头靴。

传统蒙古靴是用牛皮、马皮、驼皮等制成的，特点是靴尖上翘，靴帮为古铜色或棕黄色，靴身宽大，靴子里面可以穿布袜、毡袜等。

马靴有皮制和布制两种，靴尖稍向上翘，靴身宽大，靴腰较瘦，有中腰和高腰之分。皮靴的皮底一般有铁钉，以防在草地上飞跑时滑倒。若是布底的马靴，则在布底加一层皮子，以增加其耐磨性。

圆头靴用香牛皮制作，靴头肥大。靴底较厚，是用几层熟牛皮纳成的，隔凉防寒效果好。因为整个靴子全部用香牛皮制作，所以具有古朴自然、端庄的风格。

各种靴子的外面皆有装饰图案，反映出蒙古人对美的追求。

除了以上三种靴之外，还有一种被称为"马海"的，即布靴，完全用黑布做成，穿着舒适轻便。在靴腰上刺绣着各种花纹图案，十分精美。

穿靴子是蒙古族游牧之所需，靴筒高，便于骑马；在草地或沙漠上行走时，靴中不容易进去异物；上翘的靴尖在骑马时方便勾踏马镫。

根据《蒙古风俗志》介绍：清末和民国时期，在洮儿河、嫩江流域的蒙古族，尤其

图4-7　传统蒙靴

是老年男子喜欢穿乌拉。乌拉是用牛皮、马皮或猪皮缝制的，鞋底和鞋帮为一体，鞋面上的皮子抽成褶，和满族人穿的乌拉式样相同。赤脚穿时，乌拉里絮上乌拉草，隔凉又隔潮。

蒙古族男靴普遍靴体宽大，以便在里面穿棉袜、毡袜或缠裹脚布等。靴面的不同部位装饰有图案，或者贴花或者刺绣。靴子轻便防寒，深受蒙古人的喜爱。

大檐的笠帽、宽大的蒙古袍、博带、高腰皮靴，这一身的装束体现了蒙古族男人宽厚大度、粗犷豪放的性格。

除袍服之外，蒙古族男子也常穿"搀察"，汉译为"衫儿"，是上衣的统称，包括衬衫、长衫、短褂、短袄等。还穿褙褡，褙褡是一种便服，是民间的无袖短衣，穿在袍子外面，式样同清代旗人男子穿的马甲。有大襟、对襟之分，肩部狭窄而下摆宽阔，在领襟处镶有别样颜色的宽边。褙褡穿脱方便，对前胸和后背有保暖作用。

男子的裤子有两种，一种是高腰肥裆裤，质地通常为棉、绸，寒冷的冬天，也用毛皮做裤子；另一种是套裤，没有裤腰和裆，只有两个裤管，裤管上有带子用以系在腰上。套裤是备临时穿着的，主要为护住膝盖和腿部，穿脱方便。在北方的诸民族如满族、赫哲族等都有穿套裤的习惯，这主要是因为冬季气候寒冷，外出时腿上穿得太多行动不便，带上套裤，需要的时候穿上。蒙古族男子裤子肥大是为了骑马方便。

摔跤服是蒙古族男子服饰中的一种特殊类型，摔跤比赛的服装主要包括

图4-8 蒙古族摔跤服

坎肩、长裤、套裤、彩色腰带。摔跤者袒露胸部和手臂，展示出男人健硕的肌肉。长裤肥大，裤子上面绣云朵纹、植物纹、寿纹等。图案色彩强烈、粗犷有力，给人以强烈的冲击感。套裤用结实的粗布缝制，在膝盖处用各色布拼接组合成图案，纹饰大方庄重，既美观又能起到保护膝盖的作用。腰带宽大，多用彩色绸缎制成，色彩艳丽，也有用皮革制作的，紧紧地扎在腰部，既保护肋骨，又使人看起来利落精悍。整套服饰的特点是宽大，便于活动，色彩鲜艳，动感十足。

第三节　蒙古族女子服饰

　　蒙古族女子的服饰种类比男装更丰富，色彩更艳丽，更具有美感，浏览蒙古族女子服饰画卷，令人流连忘返。其服饰主要有帽、袍、襦、裙、鞋靴、各种首饰等。

一、发式与冠帽

　　蒙古族女性的冠帽特点鲜明，丰富多彩，有的堪称精美绝伦，令人赞叹。冠帽既有实用性，又蕴含着深厚的文化内涵。

　　1. 发式

　　《北史·室韦传》记载：蒙古族人的发式"其俗丈夫皆披发，妇女盘发"。古时候，蒙古族未婚女孩把头发从前方中间分开，扎上两个发根，发根上面装饰两个大圆珠，发梢下垂，并用玛瑙、珊瑚、碧玉等装饰发梢。女孩结婚后，要把自头顶当中至前额的头发剃光，其余的头发编成两条辫子，垂在耳后。蒙古各部落服饰中区别最大的是女性的头饰。如生活在呼伦贝尔地区的巴尔虎蒙古部落，妇女的头饰多选用玛瑙、珊瑚、翡翠、珍珠、琥珀、金银等

图4-9　盛装的蒙古族女子

原料，精心制作而成；察哈尔部妇女头饰轻便秀丽、精致玲珑；哲里木、昭乌
达妇女头饰喜欢用钗、簪等装饰发髻。发式与头饰各具特色。

清代，由于受满族的影响，蒙古族未婚女子多在脑后梳一条辫子，扎红
辫根；已婚的，贵族妇女多效仿满族妇女的如意头、一字头等发式。但在民
间，大多保持着传统的发式。

蒙古族女子所戴的冠帽丰富多彩。

2. 罟罟冠

图4-10 元代蒙古族女子戴的罟罟冠

元代，蒙古族女子非常注重头饰，
在其头饰中，以罟罟冠最具特色。

罟罟又有固罟、顾罟、罟恩、姑姑
等十多种写法。关于罟罟冠起源于哪个
历史时期，来源于哪个民族，学术界存
有歧义，莫衷一是，但普遍认为罟罟冠
在四五世纪时，起源于北方的游牧民
族。其实，自古以来，在北方草原和大
漠南北，生活着众多不同的民族，他们
的生活从来都不是孤立、封闭的，而是
相互影响、相互渗透的。罟罟冠到底产
生于何时及哪个民族很难说清楚，但是
从它的使用和发展来看，自元代始，蒙
古族女子所戴的罟罟冠最为典型。

罟罟冠的式样在很多文献中有记载。《黑鞑事略》载：

> 故姑之制，用画木为骨，包以红绢金帛，顶之上，用四五尺长柳枝
> 或银打成枝，包以青毡。其向上人，则用我朝翠花或五采帛饰之，令其
> 飞动。以下人，则用野鸡毛。①

在13世纪，法国传教士鲁不鲁乞到东方，向蒙古人传授基督教，在他的
《东游记》中对罟罟冠有详细描述。他写道：

---

① 曹喆：《中国北方古代少数民族服饰研究：元蒙卷》，120页，上海，东华大学出版社，
2013。

　　妇女们也有一种头饰，他们称之为"孛哈"，这是用树皮或她们能找到的任何其他相当轻的材料制成的。这种头饰很大，是圆的，有两只手能围过来那样粗，有一腕尺（45~56厘米）多高，其顶端呈四方形，像建筑物的一根圆柱的柱头那样。这种孛哈外面裹以贵重的丝织物，它里面是空的。在头饰顶端的正中或旁边插着一束羽毛或细长的棒，同样也有一腕尺多高；这一束羽毛或细棒的顶端，饰以孔雀的羽毛，在它周围，则全部饰以野鸭尾部的小羽毛，并饰以宝石。富有的贵妇们在头上戴这种头饰，并把它向下牢牢地系在一兜帽上，这种帽子的顶端有一个洞，是专作此用的。她们头发从后面挽到头顶上，束成一个发髻，把兜帽戴在头上，把发髻塞在兜帽里面，再把头饰戴在头上，然后把兜帽牢牢地系在下巴上。

　　罟罟冠的制作是用木条或竹条做框架，用桦树皮围合缝制而成的。下部是圆筒形，方便戴在头上，上为Y形。外面包以红色或褐色绢、锦、帛等。冠顶再以孔雀羽毛、野鸭羽毛等为装饰。在罟罟冠上还装饰有各色松石、玛瑙、琥珀等制成的串珠，十分华丽。在罟罟冠的后面还有用于防风沙的帔，缝在冠的下端，垂于后颈。因为草原风沙大，所以需要用带子将罟罟冠牢牢地系在下巴上。罟罟冠上面的装饰物也是主人身份的象征，贵妇们用绸缎、珠宝装饰罟罟冠。元朝的后妃及大臣之正室皆"戴姑姑、衣大袍"，而普通百姓则很少佩戴，或以布帛简单装饰罟罟冠。

　　罟罟冠是已婚女子戴的冠帽，据说它起源于蒙古族的抢婚习俗。原来未婚和已婚妇女在服饰上没有区分，后来罟罟冠就成了区别已婚妇女和未婚少女的标识。这样，已婚妇女戴上高高的罟罟冠，非常惹人注目，很远就会被看到，从而避免了被抢婚或被求婚。

　　罟罟冠的发展演变经历了一个较长的历史过程，最初应该是蒙古族女人为了防风、保暖所戴的帽子，由于它位于人体最显眼的地方，最能反映出佩戴者的身份和地位，故而人们将一些饰品装饰在上面，逐渐地罟罟冠的象征性和装饰性大过了实用性，冠帽越来越高，上面的饰品也越来越多。高高的罟罟冠的形成可能与蒙古人的宗教信仰有关，蒙古族以苍天为永恒的最高神，故谓"长生天"。天神在上，头顶是人体距离天最近的地方，身高有限，但头顶上帽子高度可以不断增高，人们希望借此离天界更近。蒙古族谚语"二人行，长者为上；一人行，冠帽为上"，也正反映了这一点。

　　至元代，蒙古族成为统治民族，尤其是蒙古族的贵族们，有条件将罟罟冠做得足够高并且华丽。罟罟冠也是蒙古族贵妇对社会地位和财富追求的表现。随着财富的增加，人们对衣着越来越重视，罟罟冠的装饰也越来越华丽，上面装饰着珍珠、琥珀、宝石、羽毛等物，罟罟冠演变成了贵族妇女喜爱的冠帽，并成为女主人身份地位的象征。戴罟罟冠在元朝曾经盛极一时，但到了元末，因为社会动荡不安、元朝统治日趋瓦解，戴罟罟冠的人越来越少。

　　明初，在朝廷给蒙古族王公的赏赐物品中，仍有罟罟冠，并且是重要的一项，说明这一时期蒙古族贵妇仍在戴罟罟冠。明末，在蒙古部落中，婚礼中的新娘披长红衣、戴高帽，这高帽应该是罟罟冠。不过这时的罟罟冠只是已婚妇女的象征了。

　　罟罟冠是蒙古族贵族女性审美情趣和服饰才艺展现的集中点，其形式大于实用；普通的蒙古族女性一般戴御寒的冠帽，实用功能占据主导地位。

　　清代以后，蒙古族妇女的头饰又发生了很大变化。

　　3. 清代以来蒙古各部妇女的头饰

　　清代，清政府对各部蒙古族划定了牧区，不允许跨界放牧。在历史上处于不断迁徙流动的蒙古族被长期固定在一定的区域内。蒙古高原地域辽阔，自然环境、经济状况存在较大差异，致使不同地区蒙古部落的生活方式和文化也产生了不同，从而形成了各具特色、丰富多彩的冠帽地域特色。当然，这种差异存在的前提是大体风格一致，建立在保留传统服饰文化的基础之上。

　　最能代表地域或部落特点的，或者说最能彰显地域与部落服饰不同的是妇女的头饰。对于游牧民族来说，迁徙是一种常态，为了迁徙方便，蒙古人继承了长衣盛饰的传统，将代表财富的金银珠宝全部佩戴在身上，除了戒指、手镯、项链之外，金银珠宝主要集中在妇女的头饰上。头饰，多选用珊瑚、玛瑙、绿松石、翡翠、玉石、珍珠、琥珀、金银等为原料。其中尤以红珊瑚使用得最多。蒙古族妇女喜欢鲜亮的颜色，尤其是红色，贵重的红珊瑚正符合她们的喜好。各部的妇女头饰皆经过精心制作而成，其造型各异，美不胜收。浏览其头饰画卷，令人目不暇接。

　　在民族文化宫博物馆收藏着一套鄂尔多斯蒙古族新娘的头饰，为一套两件，总重量3.715千克，上面镶嵌着红珊瑚、玛瑙、松石、翡翠、银饰等。大面积使用红珊瑚，使整个头饰看起来鲜亮夺目、雍容华贵。这套头饰由"达如拉嘎"和"希布阁"两部分组成。

　　达如拉嘎汉语称"头戴"，它是由"额箍""后大片""两侧小片""挂

图4-11　民族文化宫博物馆收藏的鄂尔多斯蒙古族新娘头饰

图4-12　现代鄂尔多斯蒙古族妇女头饰

串""两侧穗子""额穗子""缀饰"等组成的。其中额箍是布底套圈，套在头上，起着固定整个头戴的作用。额箍的中间镶嵌着一圈松石，其余部分缀满珊瑚石。后大片是头戴的脑后部分，凸字形，上半部珊瑚是竖串，分布着4个对称的银饰；下半部珊瑚是横串，上面镶嵌着两块绿色的翡翠。两侧小片是指耳后的两块半圆形珊瑚片，中间各有一块银饰，它与后面的大片和前面的挂串相辅相成。挂串是头戴中最灵动、最华丽壮观的部分，靠两鬓垂至肩上。它各由5串大粒的青金石或珊瑚、绿松石组成。绿松石有方有圆，下边各接3个圆形镶有珊瑚的银质花环，环下又各接3串由小珠和珊瑚组成的穗子，下端有9个口含桃形绿松石的银质蝙蝠，每一个蝙蝠口下又坠有4个小铃铛，共计坠有36个小铃铛。在额箍的前面有额穗子，又称流苏，由大小珠子、珊瑚、玛瑙、绿松石、青金石等组成。流苏的中间约一寸长，两边稍短，每串穗子下边垂一颗绿松石或红珊瑚、宝石，中间最大者正好垂于眉心。

希布阁，汉语称"连垂"，是系在胸前左右发辫上的发饰。希布阁是用布和棉絮缝制而成的两个扁圆形物及其下伸出的两截约5寸长的木棒。这两根木棒必须截取于蒙古包的两根椽子，这是因为蒙古族少女出嫁离开父母后，在浩瀚的草原上，随着夫家游牧迁徙，不知何时才会再回到父母的家中，用父母家蒙古包上的木头制作头饰，挂在胸前，以此来寄托对父母的思念。棉布装在黑色的圆锥形布袋里，布袋上刺绣着美丽的图案，缀以金、银、珊瑚等饰品。在布袋的下端还缀着很多金银制作的穗子，每个穗子下面还有小巧玲珑的金银小铃铛。当行走时或有风吹过时，小铃铛便发出清脆悦耳的声音。

　　鄂尔多斯头饰在蒙古族头饰中具有代表性，制作复杂，颇具特色。鄂尔多斯部原是守卫成吉思汗大帐的近卫军，成吉思汗死后，他们又是陵寝的守护者。所以，鄂尔多斯蒙古族妇女的头饰既保留了元朝宫廷服饰的高贵与华丽，又体现了守陵人服饰独有的庄严与肃穆。

　　巴尔虎蒙古族妇女的头饰完整地保留了本部落的传统特征。巴尔虎主要分布在今呼伦贝尔草原和蒙古国的东方省。我国境内的巴尔虎蒙古族分为三旗：陈巴尔虎旗、新巴尔虎左旗、新巴尔虎右旗。巴尔虎妇女头饰主要由额箍、牛角形银饰组成。额箍用银子制作，通体錾花，即用锤敲打凿子，使凿子在银饰上刻出图案。额箍前面镶嵌数颗珊瑚，后面坠着3个镂空的小银铃。两侧是牛角形银饰，采用錾花工艺成型，银片曲绕，层次分明。整个头饰呈扇形，牛角形边缘包錾花银边，银片上镶嵌珊瑚、绿松石、翡翠等，背面刻有草纹，每侧各垂四条银穗子。帽子上缀红缨子，保留了古代贵族的风范。

　　其他各部蒙古族女性头饰或烦琐或简单，都有着自己的特点和风格，这种风格是经过百余年逐步形成的。

　　除了上述头饰之外，蒙古族女性所戴的帽子种类较多，也有一个发展演变的过程。元代，蒙古族女性冬季以羊皮帽为主，也有貂皮帽、锦帽。貂皮帽和锦帽通常只有身份地位高的女性才戴，上面镶嵌着珠宝等贵重饰物。

　　明代，蒙古草原上的女性所戴的帽子和男性一样。明朝人萧大亨在嘉靖

图4-13　巴尔虎新娘头饰

年间官至兵部尚书，此前他曾巡抚宁夏、宣府，总督宣府、大同、山西三镇，戍边多年，跋涉塞外，编纂《北虏风俗》，记载了蒙古人的生活及其风俗。他对蒙古人的冠帽描述道：

> 其帽如我大帽，而制特小，仅可以覆额，又其小者止可以覆顶，赘以索，系之项下；其帽之沿甚窄，帽之顶，赘以朱缨，帽之前，赘以银佛，制以毡或以皮，或以麦草为辫绕而成之，如南方农人之麦笠然。此男女所同冠者。①

萧大亨描述的帽子与女真人的凉帽相似。

蒙古族女性也用布帛作为头巾包裹头发，从前额包起，在脑后打结，既保暖，又防止大风吹乱头发。头巾的颜色都很鲜艳。

4. 妇女头饰的文化内涵

元代，已婚妇女多戴罟罟冠，至明代逐渐减少，清代以后，高耸的罟罟冠就很少见了，取而代之的是装饰着各类金银珠宝的头饰。引起这种头饰变化的原因是多方面的，其中宗教信仰的变化是一个重要原因。

蒙古族原本信奉萨满教，相信万物有灵，罟罟冠的顶部插着羽毛或树枝，具有自然崇拜的意味。至清代以后，蒙古族妇女的头饰多选用珊瑚、玛瑙、翡翠、珍珠、琥珀、金银、玉石等材料。这些金银珠宝的广泛使用，应该与蒙古族信奉藏传佛教有关。自清代以来，藏传佛教在蒙古族中盛行，渗透到蒙古人的日常生活中，自然，佛教中的一些文化元素对蒙古族服饰也产生了重要影响。在佛教中有"七宝"，又称"七珍"，不同的经书所译的七宝各不相同，蒙古族头饰上的珊瑚、玛瑙、珍珠、金、银、绿松石等皆属于七宝。银代表健康长寿，仿若佛祖的光芒，同时还是辟邪之物，刚出生的小孩佩戴银饰就是乞求平安健康。玛瑙自古就被认为是美丽、幸福、吉祥、富贵的象征。绿松石被视为大海和蓝天的精灵，会给远征的人带来吉祥和好运，被誉为成功与幸运之石，是神力的象征。珍珠圆润饱满，一般用作念珠，在梵语中，珍珠是佛陀和佛法的象征。珊瑚被认为是龙身上之物，具有辟邪治病的功效，是传统藏药的组成部分，具有神秘色彩。大量使用红珊瑚、珍珠、白银等做头饰，是藏传佛教文化意识化的结果。

---

① 内蒙古地方史志编纂委员会：《内蒙古史志资料选编》，第三辑，144页，1985。

蒙古族妇女的头饰用珠宝连缀而成，可谓珠帘垂面，琳琅璀璨。古韵犹存的头饰是蒙古族服饰中最华彩的部分，是蒙古族历史文化、自然环境、民族心理、生产与生活方式的集中展现，它承载着蒙古族人丰富的民族情感，也融汇了这个民族超凡的想象力和睿智的设计构思。

冠帽本是御寒挡风的实用之物，随着蒙古族社会经济和文化的发展，在保留其实用价值的基础上，大大地拓展了它的审美作用，尤以罟罟冠为典型代表。冠帽的审美价值大于实用价值，反映的是这个民族文化发展的状况。审美价值里蕴含着更多的文化意义。

5. 妆容

鲁不鲁乞在他所写的《东游记》中记录了元代蒙古族女性化妆的事情，写得很有趣："妇女们总是惊人地肥胖，一般认为，她们的鼻子越小，就越美丽。由于她们涂抹面孔，可怕地损毁了她们的外貌。"蒙古族妇女喜欢用黄粉涂额，称为"佛妆"。萧大亨在《北虏风俗》中描绘明代蒙古族女性："耳亦穿小孔，贯以金铛银环，亦以朱粉以饰，但施朱则太赤，粉则太白，不似我中国之适均也。"在萧大亨看来，蒙古族女性的粉黛涂抹得过重，不如汉族女性粉黛涂抹得均匀。

蒙古草原气候干燥，风沙大，紫外线强，人极容易被晒黑，而且蒙古族女性皮肤较为粗糙，她们用粉和胭脂抹脸，使脸看起来红润白皙。鲁不鲁乞说蒙古族女性涂粉而毁了面孔，是因为当时的粉里含有大量的铅，长期使用造成铅中毒，面色发黑。女人描眉用的是黛，黛是用碳粉制成的眉石。普通的女性多以淡素为主，并且面颊也不施粉黛。

二、服装

元代时，蒙古族女袍和男袍相差无几，皆宽大，从袍服上很难区分未婚少女、已婚妇女及男子。而且女袍下摆尤其宽大。袖子也很肥大，到袖口处收窄。高领、右衽，大多数地区的女袍下端不开衩。袍子的领口、门襟、袖口及下摆处多以绸缎、云卷图案镶边，既美观又起到保护衣边不易损坏的作用。用来在冬季穿的女袍也有用貂鼠、水獭等皮毛做装饰的，美观大方，还保暖。

在17世纪初，漠南蒙古的科尔沁、扎赉特、杜尔伯特、郭尔罗斯、喀喇沁、巴林等部先后归附后金政权，后金与蒙古各部联姻。清太宗皇太极称帝，册封的五宫全部来自蒙古部落。由于满蒙之间往来密切，蒙古族的服饰也深受满族的影响，女袍左右开衩，袖头增加了马蹄袖，袍服外罩坎肩而不扎腰带，其坎肩的式样与满族坎肩相同，长短及腰，斜襟，左右开衩。

图4-14　领口与衣襟上的花边

至近现代，女袍由宽松肥大变为紧身，凸显出女性的苗条与健美。在女袍右上襟扣子上有个小装饰，这个装饰精巧细致，小巧玲珑，蒙古语称其为"哈布特格"。"哈布特格"宽约二寸，长约三寸，是用两块浆过的硬布垫上棉花，裹上绸缎，缝成空心的小夹子，然后用五彩的金银丝线绣上具有蒙古族风情的花纹及花鸟等图案。"哈布特格"的形状多种多样，有月牙、桃子、石榴、葫芦、五瓣花朵、树叶、花瓶等形状，也有圆形、椭圆形、方形、三角形，色彩斑斓，做工考究，造型美观。它不仅是装饰品，还具有实用功能，其上端留口，里面放针线和花草香料等，虔诚的佛教徒还把仙丹放在里面。"哈布特格"还被作为友谊和爱情的信物，送给朋友或恋人。"哈布特格"做得是否漂亮，是判断制作它的姑娘是否手巧的重要标志，也是小伙子们挑选对象的一个重要条件。

女袍的颜色比较艳丽，多用红、黄、绿、天蓝、胭脂红、鸡冠紫、茶色等颜色，夏天用淡一些的颜色，如白、浅蓝、粉红、淡绿等颜色。蒙古族人认为，像乳汁一样洁白的颜色最为圣洁，所以多在盛典、年节吉日时穿白色的衣服；蓝色象征着永恒、坚贞和忠诚；红色像火和太阳一样给人以温暖和

图4-15　棕色罗绣花鸟夹衫

光明，所以人们日常喜欢穿红色袍服；黄色被看作至高无上的皇权的象征，过去只有活佛和受皇帝恩赐的王公贵族才可以使用，平民百姓不能使用黄色，否则将被治罪。

女子扎腰带时要将袍子向下拉，尽显娇美的腰身。在鄂尔多斯等地区，系腰带有讲究和规则，未婚女子系腰带要在身后留出穗须，出嫁后，腰带被坎肩代替，以此来区分未婚与已婚。

对襟短袄也是元代女性常穿的外套，袄长过腰，宽袖，对襟、前襟缝有带子以系，贵族之家面料多用绸缎，百姓之家多用棉布。

女子的内衣称为衫儿，除衫儿之外，还穿裹肚，又称肚兜。过去满族人也穿肚兜。

坎肩是蒙古族服饰之一，套在长袍外面。蒙古族女子在长袍外面套坎肩时，一般不系腰带。坎肩无领无袖，前面无衽，后面较长，胸前横列两排纽扣或缝有布带，衣边镶有花边。据说坎肩起源于元代，《元史》载：元世祖的皇后察必，曾经设计出一款新式衣服，"前有裳无衽，后长倍于前，亦无领袖，缀以两襻，名曰比甲，以便弓马，时皆仿之"[①]。比甲的特点是无领无袖，直裾，前短后长。这种服装既能起到保暖作用，又方便骑马。

坎肩和宋代汉族女子所穿的褙子很相像。褙子是古代女子常穿的服装，始创于秦代，至宋代，褙子成为女性典型的常服款式，其式样以直领对襟为主，腋下开衩，腰间系以带，下长过膝。

蒙古族女性在长袍内穿裤子。裤子有宽腿裤，有套裤。套裤和男性套裤式样相同，也是只有裤腿，而无裤腰和裤裆，穿时用带子系在腰上。套裤是为防寒临时穿用的。

三、靴子

蒙古族人称靴为"古图勒"，由靴底、靴帮、靴筒构成。在靴帮和靴筒的连接处，沿一条皮子，这样既好看又结实。女靴从质地上分为皮靴、布靴和毡靴。

最好的皮靴是用熟牛皮制作的，也是女性喜欢穿的靴子。靴底多用棉布纳成，棉布纳制的靴底轻快舒适。长筒靴不分左右脚，可以随意穿。

---

① 宋濂：《元史》，2872页，北京，中华书局，1976。

布靴也称马亥，式样和皮靴无异，只是在靴帮和靴筒刺绣的纹饰较为复杂，颜色更艳丽。靴底用多层棉布纳成，靴里用棉布作衬，靴面多用绒缎或绸布，看起来华丽美观。靴面上刺绣着蝴蝶、花草、鱼、云纹等图案。布靴的制作也是蒙古族妇女针线活好坏的展示。因布靴穿着舒适，所以女性多喜欢穿。毡靴用白色或棕色毡子缝制而成。成人的毡靴也由靴底、靴帮、靴筒构成。儿童和老人的毡靴有所不同，靴底、靴帮和靴筒

图4-16　蒙古族女布靴

由一块毡子缝制而成，即靴底和靴帮之间无缝隙，这样的毡靴更舒适，脚在靴子里面，不受靴型的限制。

靴子纹饰的主要题材为自然景观（包括自然物）和集合图形两大类。在皮靴上刺绣难度较大，所以皮靴上的图案比较简单。相比之下，布靴的刺绣纹饰更丰富多彩。在一只靴子上，会出现几何纹、动植物纹、云纹、山水纹等组合纹饰，在表现手法上，有写实、写意和变形等。这些纹饰图案凝聚着蒙古族人的智慧和情感，每一个图案都融汇了蒙古族妇女的审美意识、情感和思想意识，是她们生活习俗和文化思维的再现。

蒙古族人认为靴子是吉祥的象征。他们认为口向上的盛器有将"福气盛起来，不外散落"之意，因此凡属此形状的物品都被认为是吉祥之物。在蒙古族的风俗中，新娘子一定要给新郎及其家人送上自己刺绣的靴子，这也是新媳妇展示自己针线活技艺、获得夸奖的机会。

第四节　蒙古族服饰刺绣艺术

蒙古族妇女非常善于刺绣，不仅在纺织品上绣，也能用驼绒线、牛筋等在皮袍、皮靴上刺绣。蒙古族服饰刺绣艺术的历史和蒙古族服饰一样源远流长。

一、刺绣的历史

早在13世纪下半叶以前，古代的蒙古族人在生活中就很重视刺绣，如在衣服的袖口、衣领、大襟等部位以及在帽子、靴子上皆有刺绣。图案有花草、蝴蝶、山水、云纹、鸟兽等。云纹以及各种几何图形极为丰富，形成了独具特色的刺绣艺术。

在历史上，各民族之间从来都是相互影响的。早在战国时期，赵武灵王即主张"胡服骑射"，效仿北方游牧民族的服饰。与此同时，中原文化也在影响着北方民族。自汉唐以来，汉族的织锦缎传入蒙古草原。织锦缎是在经面缎上起三色以上纬花的丝织物，为显示底布缎面高贵细腻，多采用素地纹样，绣以梅兰竹菊等植物花卉，以及凤凰、孔雀、老虎等珍禽异兽图案，表面光亮细腻，手感厚实，色彩华丽炫目。织锦缎作为珍贵的衣料，它的锦文、色彩以及丰富绚丽的图案，对蒙古族的刺绣产生了重要影响。元代的罟罟冠外面就包裹着色泽艳丽、花纹精美的各种花绸。元朝的政府机构中设有绣局、文锦局等，可见当时对刺绣的重视程度。

明清时期，云锦流入蒙古地区。云锦在织造中大量使用纯金线和纯银线，并且配以五彩丝绒线、金翠交辉的孔雀羽绒等稀有名贵锦线，用料考究，织出来的图案自然逼真，富丽堂皇，光彩夺目。来自中原地区的织锦缎和云锦深受蒙古族人的喜爱，对蒙古族的刺绣也带来很大的影响，使其不断得到丰富和发展。清朝，满蒙联姻持续有清一代，满蒙关系在清代更加密切，皇帝对蒙古族王公大行赏赐，其中不乏服饰和刺绣物品，满族的服饰、各种刺绣

图4-17　织锦缎的纹饰

物品在蒙古族中广为流行，这对蒙古族的刺绣无疑会产生重要的影响。

二、刺绣种类及特色

蒙古族妇女自古就有擅长刺绣的传统。女孩子自幼学习刺绣，至十五六岁时就已经掌握了很好的刺绣技艺。在民间，姑娘出嫁前要给婆家的每个人做一双"斯布登高吐拉"（绣花靴子），一般需要做四五十双之多，此外还要给新郎制作荷包。不论是"斯布登高吐拉"还是荷包，皆需要姑娘精心设计，其造型和图案讲究，刺绣技巧精细。这些物品是给婆家人的见面礼，活计的好与坏要受到婆家人的点评。

图4-18 盘肠结

蒙古族妇女会在衣帽、鞋靴、包袋、枕头、门帘等物品上刺绣，图案有牡丹、荷花、桃花、蝴蝶、鱼、马、鹿、云纹及各种盘肠图案。刺绣使用彩色丝线、棉线、驼绒线、牛筋、鹿筋等。刺绣的方法种类很多，大体上可分为绣花、贴花、套古其呼、混合等几种。

绣花，即用各种线在绸布、绒布或皮革上绣出各种花卉、动物、云纹、几何纹样、盘肠纹图案等。底布多用黑色，上绣红花绿叶及彩蝶，色彩绚丽，厚重强烈。蒙古族妇女绣花不用花绷架，直接用手捏着绣，操作自由简单。盘肠是佛教所用的八种宝物之一，八种宝物在民间又被称为"八吉祥"，即法螺、法轮、宝伞、白盖、莲花、宝瓶、金鱼和盘肠。盘肠纹应该始于中国传统的"绳艺"，线形盘肠纹是由一条无头无尾、无止无终的线组合而成的几何图案，这种永不中断、无限延长之意象征着美好和吉祥、生生不息、绵延不断。盘肠纹有多种形式，如方形、圆形、复合形、自由形等，被人们任意想象发挥，变化无穷。

贴花，是将各种颜色的布料或皮革剪成各式纹样，再将其贴在底布上经过缝缀、锁边而成的一种刺绣方式。贴花是更为普遍的一种刺绣方式，使用更为广泛，如帐篷顶、门帘、毯子、马鞍、袍衣的底边等皆使用贴花。贴花方法较为简单，可以使用大块的布料，形成的纹样粗犷大方，醒目庄重，层次感鲜明，色彩对比强烈。

图4-19 蒙古族刺绣纹样

套古其呼的刺绣方法是用大小相等的点缝成各种图案。一般男靴不需要艳丽复杂的纹饰，于是用均匀的点缝制成各种几何图案。除男靴之外，如门帘、马鞍、毯子等也多使用这种方法刺绣，给人以简单、朴素、庄重的感觉。

混合类，即将各种刺绣方法混合使用，如在贴花上再绣花朵、几何纹饰等。单独的刺绣，不能使用大块色彩，贴花解决了这一问题，但是，贴花又过于粗犷单调，缺乏细腻与精致，混合使用贴花与刺绣，两者取长补短，使整个服饰图案变得生动丰满。

蒙古族刺绣色彩朴素明亮，线条明快，针法活泼，绣工兼具粗犷与细腻，所绣的图案皆与生活密切相关。在漫长的历史演进过程中，蒙古族的刺绣形成了独特的风格。

刺绣是蒙古族服饰制作的重要组成部分，它和服饰的结构以及式样完美地结合，充分体现了蒙古族的信念、理想和审美情趣，是这个民族历史与文化的外在表现形式。

第五节 蒙古族服饰发展演变及特色

蒙古族服饰经历了一个漫长的历史发展过程，在不同历史时期，其服饰呈现出不同的风貌。在蒙古族服饰的演变过程中，充分体现了蒙古族适应大自然、改造大自然以求生存的伟大智慧和对美好生活的追求，也充分体现了各民族文化相互影响与交融的特性。

一、服饰发展演变

蒙古族源于东胡之鲜卑，《旧唐书》始称其族名为"蒙兀室韦"。室韦部落散居在大兴安岭北端，是以渔猎为主的森林居民。在远古时期，蒙古人的先世同其他族群一样，将植物叶子排列连缀来遮蔽身体。从事狩猎后，以兽皮来制作衣服。近代蒙古族学者罗布桑却丹著《蒙古风俗鉴》，书中记载：远古时期的蒙古人围以护腰，多以兽皮为服。公元6世纪时，《魏书·失韦传》中载，失韦（室韦）是渔猎民族，饲养猪、牛、马，而无羊。男子索发，妇女束发，男女皆衣白鹿皮褥夸，褥为短衣，夸为无裆套裤。在唐代，大约在9世纪，蒙兀室韦开始从额尔古纳河右岸向西发展，在向西迁移的过程中，和突厥语居民相融合，始称"蒙古"，多数蒙古部落从森林居民转化成了典型的草原游牧民。随着畜牧业的发展，服饰的制作逐渐以家畜皮为主。《蒙古秘史》中记载，古代蒙古人的主要服装是羊皮短衣。可见这时的蒙古族，其服饰的原料主要以羊皮以及用羊毛制成的毡为主。但这时绸布之类的商品已经传到蒙古地区，在历史发展的过程中，蒙古人的衣服也不断改变，"也有穿漂亮的绸布衣服的了。那时，虽已知道穿好的，但不懂得随着季节做衣服的道理，只分冬夏两季的衣服：冬天穿皮衣，一直到夏天；夏天穿上单衣，一直穿到秋末才换"[①]。

进入蒙古草原之后的蒙古族以畜牧业为生，手工业始终未从家庭手工业中脱离出来，由于牧区生产的单一性，蒙古部落同中原的贸易交换成为必然。他们通过朝贡、榷场以及走私等形式从中原换回生产和生活的必需品，在这些换回的商品中，有相当一部分是衣服和丝绸。此时的蒙古族男子穿窄袖袍服，左衽，剃三搭头，发辫垂于肩上；妇女也穿左衽长袍，戴罟罟冠。其袍服为左衽，是受匈奴人的影响。

13世纪初，铁木真用武力统一了蒙古高原上的各部落，建立了蒙古帝国。随着蒙古帝国军事上的胜利和版图的扩张，欧亚大陆的金银财宝和绫罗绸缎源源不断地进入蒙古地区，为蒙古族服饰的发展提供了丰富的物质

---

① 罗布桑却丹：《蒙古风俗鉴》，11页，赵景阳，译，沈阳，辽宁民族出版社，1988。

材料。

元朝建立后，元统治者对草原上的游牧文明进行规范，制定各项规章制度，其中包括服饰制度。如1275年，忽必烈颁布法令，把服装分为官服和民服两种，规定官服为龙蟒缎衣，以龙爪和狮、麟、鹤、雉分等级；民服则男女同款。后来民服逐渐变化，男女服饰有了区别，男服袖长、襟宽，女服袖短、袍长、领高。元朝又明文规定：百官公服为右衽，于是民间也随之改为右衽，但妇女和小孩儿仍有穿左衽服装的。元代蒙古族服饰的材料更加丰富。丝织本是古老的行业，元朝在江南的郡县中都设有织染局，生帛局，东、西织局，专司丝织，丝织品花色品种甚多，质量精湛。棉纺织业是新兴的行业，元成宗元贞年间，原籍松江府乌泥泾镇（今上海市徐汇区华泾镇）人的黄道婆，从海南岛崖州重返故乡，带来了棉纺织技术，松江很快发展成为棉纺业的中心，江南地区的棉纺织业也随之迅速发展起来。于是，棉布成为蒙古族服饰的重要材料。制毡是蒙古族牧民的家庭手工业，毛毡广泛用于帐篷、铺设、靴帽等方面。元朝官府设有规模十分庞大的毡局、毛皮局，对羊毛、羊绒、驼毛、驼绒及各类皮毛进行加工。毛毡主要用于靴子和帽子的制作。元朝的蒙古族作为统治民族，其贵族阶层日常所穿皆镶以宝石，刺以金镂；普通民众的服饰式样也较之以前更加多样化。

元朝灭亡后，蒙古族重返草原，各部分崩离析，进入动荡时期。蒙古族人的生产与生活方式也发生了变化，在土默特和东部地区出现了农业种植区。与此同时，藏传佛教传入，蒙古族人迅速接受并信奉藏传佛教。生产和生活方式以及宗教信仰的变化改变了蒙古族人的价值观和审美观，这在他们的服饰文化中也得到了体现。如袍服箭袖的消失，红、黄色彩以及莲瓣等佛教纹样的广泛使用等。

蒙古族服饰的发展呈现出多元性的特征。蒙古族是一个勇于开拓的民族，善于吸纳其他民族的文化养分，这在其服饰发展过程中得到了充分的体现。

二、服饰特色

至清代，蒙古族服饰发生重大变化，这种变化表现在各部落形成了各具特色的服饰文化。这与清政府对蒙古族实行的管辖政策和措施密切相关。清政府建立盟旗制度，每个旗所辖地域被固定下来，不允许越界放牧。内蒙古49旗组成6盟；喀尔喀蒙古4部各为一盟，共86旗；新疆旧土尔扈特蒙古10

个旗，组成4个盟；青海厄鲁特等部29旗组成2个盟。清朝统治者以盟旗制度对蒙古族实行分而治之。各旗长期居于一地，在服饰上逐渐形成了自己的风格与式样，促进了蒙古部落服饰的形成和定型，出现了科尔沁蒙古服饰、察哈尔蒙古服饰、巴尔虎蒙古服饰、喀尔喀蒙古服饰、鄂尔多斯蒙古服饰、阿拉善蒙古服饰等。各部服饰各有不同，独具特色。

科尔沁草原上的各部比邻满洲之地，自清太祖努尔哈赤时始，先后归附后金政权，并与爱新觉罗家族联姻。清太宗皇太极称帝时，册封了五宫后妃，其中有三位来自科尔沁部。由于科尔沁与满族的亲密关系，科尔沁服饰风格深受满族的影响。科尔沁巴林部男子穿开衩长袍，有马蹄袖和无马蹄袖两种。长袍外面套对襟坎肩；女袍宽大直筒式，长及脚面，两侧无开衩，领口与袖口用各色套花贴边，无马蹄袖，不系腰带。长袍外套开衩的大襟长坎肩。

鄂尔多斯地区的蒙古袍较长，两侧开衩，大襟右边系扣。男子喜欢穿蓝色或棕色的袍服，比较宽大，在系腰带时将袍子向上提，为骑马方便，也显得矫健潇洒。腰带上系蒙古刀、鼻烟壶等。女子喜欢穿红、粉、蓝、绿等颜色的紧身袍服，多用绸质面料制作，艳丽有光泽。女子在系腰带时是有讲究的，未出嫁的女孩子系腰带，要在身后留出穗头；出嫁后，妇女通常不系腰带，而是穿紧身的短坎肩。

察哈尔部是蒙古族最著名的部落之一，历史上号称蒙古中央万户，元朝时期是蒙古大汗的直属部落。后金时期，察哈尔部林丹汗与后金为敌，清太宗皇太极曾经亲率大军追剿林丹汗，林丹汗远遁青海，最终因天花死在青海大草滩，其部众归降后金。清康熙时期，朝廷将察哈尔部众从辽西的义州（今锦州市义县）边外迁到山西之宣化、大同边外安置，设置左右两翼察哈尔八旗。察哈尔部服饰继承和发扬了传统蒙古族服饰的款式和风格，多采用元朝皇宫的颜色，在服装的领口、大襟和开衩衣边等处不绣花

图4-20　科尔沁男袍服镶边与刺绣工艺

而用绸布镶边，边饰工艺要求严格，不求奢华而求优雅，更具有宫廷的韵味。长袍外罩坎肩，坎肩有长款和短款之分。长款坎肩过膝，用料质地优良，边饰华丽，是青年女子的衣饰；短款不能遮臀，以黑、灰、蓝色缎子为衣料，讲究庄重，是青年男子喜欢穿的服装。冬天也有人穿白茬羊皮坎肩，为了保暖御寒，一般长过臀。

乌珠穆沁在内蒙古自治区东部，隶属于锡林郭勒盟。这一地区的蒙古人冬季穿高领、肥大而无开衩的熏皮长袍。制作衣服的皮料用酸奶熟化，用特制的刮刀刮鞣，再用秋季的马粪熏制而成，具有防水、防蛀和经久不变形等优点。为使袍服更加美观，在领边与衣边用艳丽的布料进行组合镶边。镶边工艺考究，做工十分精美。

"乌拉特"蒙古语意为"能工巧匠"，该部分布于内蒙古自治区西部。早在明代后期，该部落就以精湛的服饰制作技艺享誉草原。其男装雍容华贵，以礼帽、长袍、马靴为主；女装典雅细腻，以头巾、长袍、马靴为主。乌拉特服饰不仅保留了传统的风格，还吸收了其他地区传统服饰的优点。每逢节日或那达慕大会，人们便穿起华美的传统服饰。

巴尔虎男子主要穿长袍。长袍用蓝、浅蓝、紫红、深棕等颜色团花缎缝制。袍服袖口为大马蹄袖，领子、大襟和下摆镶宽沿边儿。长袍外的坎肩也以团花缎为面料，镶有沿边儿。腰带上挂火镰、短刀、鼻烟壶、褡裢等物。妇女长袍的袖子以与膝齐长为美。新娘的长袍有美丽的袖箍灯笼式接袖，腰间有横向分割的装饰机构，上部分为紧身，长袍前面下摆有褶，后面无褶。长袍外面套对襟长坎肩，坎肩前、后、左、右四开衩，无领，上身合体，腰间打褶，凸显女性的形体美。

第六节 吉林省前郭尔罗斯蒙古族自治县蒙古族服饰

前郭尔罗斯蒙古族自治县隶属于吉林省松原市，是吉林省唯一的蒙古族自治县。在清代，郭尔罗斯前后两旗属于哲里木盟，该部的王公贵族是成吉思汗长弟哈布图哈撒儿的后裔。天聪十年（1636）四月，清太宗皇太

极改元"崇德"称帝，漠南蒙古16部共49名贵族来到盛京，承认皇太极为
"满蒙汗共主"，其中就有郭尔罗斯部的哈坦巴图鲁固穆、伊勒登布木巴。
这些蒙古贵族接受大清国的正式分封，固穆封辅国公，诏世袭罔替。固穆
部在清朝为郭尔罗斯前旗，位于哲里木盟东端，松花江西岸，属于嫩江平
原的一部分。1946年，成立郭前旗政府，隶属关系几次更易，1949年划归
吉林省辖。1956年，正式成立前郭尔罗斯蒙古族自治县，1992年划为松原
市管辖。

前郭尔罗斯蒙古族自治县的蒙古族服饰被列入吉林省第二批省级非物质
文化遗产名录。

前郭尔罗斯蒙古族自治县蒙古族服饰主要由长袍、腰带、靴子、首饰等
组成。蒙古袍比较宽大，立领、斜襟、右衽、扇形大下摆，袍服下端不分
衩。男袍与女袍式样基本相同，但在面料选择、颜色搭配、装饰图案、缝制
工艺等方面有所不同。蒙古族女袍一般选用粉色、红色、乳白色、嫩绿色、
浅蓝色或花色的各种锦、缎、绸等面料制作，在领口、袖口、衣襟、下摆等
处镶饰花边。在节日或者盛会时还要佩戴用珊瑚、玛瑙、珍珠、金银等装饰
的头饰。男子多喜欢穿棕色或蓝色的袍服。

腰带是用棉布或绸缎制成的，以红色、浅绿色、黄色为主，长三四米，
穿戴时要和长袍的颜色相配。男子扎腰带时多把袍子向上提一提，这样方便
骑乘，又显得很精神。女子则相反，系腰带时把袍子向下拉，以显示出娇美
的身段。扎腰带能防风御寒，同时又能在骑马时保持腰和肋骨的垂直和腹腔
的稳定，避免剧烈颠簸时伤了身体。

靴子有布靴、皮靴、毡靴之分。布靴用厚布或帆布制成，穿着柔软、舒
适、轻便。皮靴多用牛皮制作，结实耐用，防水抗寒。在靴帮多刺绣精美的
图案。

饰物，可分为头饰、项饰、腰饰、手饰等。具体而言，有帽子、头巾、
头戴、头圈、辫套、头簪、耳环、手镯、戒指等。

服饰的制作工艺主要包括裁剪、缝纫、刺绣、镶边、镶嵌等。

如今的前郭尔罗斯蒙古族自治县蒙古族日常服饰和汉族无异，只有在逢
年过节或参加重要活动时才穿传统的民族服饰。前郭尔罗斯蒙古族自治县蒙
古族服饰文化和制作工艺已经得到传承，该县的郭尔罗斯民族服装厂、郭尔
罗斯乌云民族服装设计室等民族服饰企业，在多位传承人的指导下，生产出
的蒙古族服饰受到市场的欢迎。但是，传承所面临的困难也不容忽视。各民

族文化的融合、人口的迁徙、人们生产和生活方式的改变，使得原有的文化生态消失，穿民族服饰的人越来越少。传承人多为中老年人，年老体弱，传承前景不容乐观。若要将蒙古族服饰很好地传承下去，除了当地政府投入财力、人力扶持传承之外，还应该在该县范围内进行田野调查，利用现代化手段对各地的蒙古族服饰进行文字、图片、影像资料整理，建立相关的资料档案，并对其进行研究和保存。

2010 年 8 月，在内蒙古阿拉善盟举行了第七届中国蒙古族服饰艺术节，有中国、蒙古国、俄罗斯等国近 50 个代表队参赛，郭尔罗斯民族服饰公司代表队荣获银奖，使郭尔罗斯蒙古族服饰的对外影响力得到很大的提升。

蒙古族为适应游牧生活和蒙古高原的气候环境，创制出了独具特色的服饰。在其服饰演变的历史进程中，不断汲取其他民族服饰文化的元素，使本民族服饰不断发展和完善。蒙古族服饰在元朝达到了它发展的顶峰，在清朝则形成了各部的服饰文化。纵观蒙古族服饰，它兼具民族性和多元性。蒙古族服饰承载着蒙古族的历史，透过其服饰文化，既可以看到这个民族勇于开拓进取、善于学习接纳的胸怀，又可以体悟其延续民族文化根脉、保持民族文化的个性特征。丰富多彩、绚烂多姿的蒙古族服饰丰富了我国服饰文化宝库。

第五章

东北民间朝鲜族服饰

　　朝鲜族是我国的少数民族之一，现在的朝鲜族主要分布在辽宁、吉林、黑龙江三省，其余散居于其他各省市。其中吉林省延边朝鲜族自治州的朝鲜族使用朝鲜语和朝鲜文，在服饰、饮食、传统节日等很多方面保留了本民族固有的特征。

　　朝鲜族服饰既是朝鲜民族思想意识和精神风貌的体现，也是这个民族的外在特征之一。它所呈现出的素净、淡雅、轻盈、优美等特点，给人以美的享受，是我国服饰宝库中的一朵奇葩。2008年，延边朝鲜族自治州的朝鲜族服饰经国务院批准，被列入第二批国家级非物质文化遗产名录。

　　由于朝鲜族是跨界民族，它的服饰文化与朝鲜半岛的服饰文化有着深厚的渊源。

第一节　朝鲜族服饰历史渊源

　　朝鲜族是从朝鲜半岛迁入到我国境内而形成的民族。中国和朝鲜半岛隔鸭绿江相望，自古以来，两国人民从未停止过境往来。在元明鼎革之际，女真人中的斡朵里部在向南迁徙的过程中，就曾经迁到朝鲜境内的会宁一带；努尔哈赤创建八旗后，在八旗组织中也有朝鲜佐领。而朝鲜人大批迁入中国则是在近现代，共分为三个阶段。

　　第一阶段：19世纪中叶至1910年，日本占领朝鲜。这一阶段，主要是在李氏王朝的统治下，穷苦的朝鲜百姓不堪忍受饥荒，为谋求生路冒禁越境潜入。

　　第二阶段：1910年"日韩合作"至1931年"九一八事变"。这一阶段涌入中国的朝鲜人可分为两部分，一部分是不愿做亡国奴的反日民众和抗日志士，另一部分是无以生计的农民。

　　第三阶段：1931年"九一八事变"至1945年日本战败之前。日本政府不仅组织日本农民移至东北地区，还以"集团开拓民"的名义强制朝鲜人移居中国东北。

至1945年日本战败前，中国已有朝鲜人多达200余万人。中华人民共和国成立后，明确宣布朝鲜族是中华人民共和国的少数民族，从此朝鲜族成为我国多民族大家庭当中的一员。1952年8月，国家批准在朝鲜族聚居区吉林省成立延边朝鲜族自治区，同年9月3日，延边朝鲜族自治区成立大会在吉林省延吉市举行。从此，中国的朝鲜族拥有了区域自治权，9月3日也成为朝鲜族的重要节日。1955年8月，根据我国第一部宪法，改延边朝鲜族自治区为自治州。在延边朝鲜族自治州内，朝鲜族人较好地保留了本民族的文化特点，他们讲朝鲜语，写朝鲜文，穿朝鲜族服饰。

朝鲜族作为迁入民族，与朝鲜半岛国家有着以血缘关系为根基的文化亲缘，其服饰文化与朝鲜半岛的服饰文化有着一脉相承的关系。

公元前1世纪，在朝鲜半岛形成了高句丽、新罗、百济三国鼎立的局面，史称"朝鲜三国时期"。隋唐时期，在中原纺织业的影响下，高句丽的纺织技术发展很快，能够织锦、罗、绸、缎等，并可以织出花色。随着纺织业的发展，高句丽人的服饰也发生了变化。《新唐书》中记载："王服五采，以白罗制冠，革带皆金扣。大臣青罗冠，次绛罗，珥两鸟羽，金银杂扣，衫筒袖，袴大口，白韦带，黄革履。庶人衣褐，戴弁。"可见，高句丽的服饰是分等级的，贵族大臣穿彩色服装，服装大袖，饰以金银，大口袴，用皮革做的鞋；百姓穿粗布衣服，不染色，上衣短而瘦，裤子亦瘦，称为"穷裤"[①]，和贵族大衣袖、肥腿裤形成鲜明对比。

从《新唐书》《旧唐书》《隋书》《南齐书》等文献和壁画资料考察，可以大概了解高句丽男女的服饰。

男子穿上衣和裤子。上衣长至臀，直领，交襟式，领口、袖口及下摆处缘以边，腰间系带。颜色有红、黄、蓝、绿、白、黑、紫。裤子有大口裤和瘦裤之分。此外，还有表衣和外衫。在重要的场合穿较长的表衣，平时则穿外衫。穿表衣时系腰带，用皮革或棉布制作，上面饰以金银。男子头戴巾、冠、笠帽等。鞋分长腰靴和短腰靴，靴尖上翘，这是高句丽民族古老的习俗。

女子基本的服装有短上衣、裤子、长裙。以颜色和衣料的质地来区分身份。普通妇女多穿白衣白裙；贵族妇女穿用华丽的锦缎制作的衣服。女性上

---

① 耿铁华、倪军民：《高句丽历史与文化》，223页，长春，吉林文史出版社，2000。

衣长至臀，长裙穿在裤子外面。少女梳发辫，已婚妇女将头发盘在头上，绕以彩色头巾。贵族妇女在头、耳、颈上佩戴金银珠玉等饰物。

隋唐时期，中国与朝鲜在文化上关系密切，在朝鲜半岛的三国时期，中国的佛教和儒家文化陆续传入朝鲜。新罗统一半岛后，有大批留学生来到中国学习，新罗还仿唐制设立国学，教授《周易》《尚书》《礼记》《春秋左氏传》等。又仿照唐朝培养专门人才的制度，设置了算学博士和医学博士，讲授《九章算术》《本草经》《素问经》《针经》《脉经》等。也有许多高句丽、百济、新罗人因为出使、留学或出于战争、谋生等原因而滞留在中国。在密切的往来中，隋唐的服饰文化对高句丽和新罗也产生了较大影响。《隋书·礼仪志》记载：隋文帝时期，上朝时，帝王和大臣穿赭黄纹绫袍，戴乌纱帽，折上巾，元合靴，腰系革带。隋唐时期，妇女多穿小袖短襦和曳地长裙，脚穿软鞋。唐代的襦是一种衣身狭窄短小的夹衣或棉衣，裙子的造型是一种长方形的方片直裙。隋和唐初期，流行紧身窄小的服装款式，长裙为高腰，系在胸部以上。朝鲜族的短衣长裙和隋唐时期的女装很相像。

图5-1 北京故宫博物院收藏的隋朝青釉陶舞乐俑

明代，朝鲜作为明朝的附属国，其官服制度遵从于明朝。后来服饰制度有了发展，形成外来服（明朝）与固有服两种形式。民间服饰也有了变化，女装的上衣缩短到腋下，同时裙子上提到腋下，与现在的女装很相近。

清代，据《皇清职贡图》记载：朝鲜"王及官属俱仍唐人冠服"，妇人"裙襦加襈"，贵族衣服皆"锦绣金银为饰"①。

朝鲜族在迁入初期多居住在偏僻山村，服饰的原料以自种自织的麻布和土布为主，服饰承袭了李朝民间服饰的式样。20世纪初，机织布和丝绸、绸缎等面料开始传入，服饰的色彩随之发生了变化，呈现出色彩的多样性，尤

---

① 傅恒，等：《皇清职贡图》，第3卷，256页，沈阳，辽沈书社，1991。

图5-2 《皇清职贡图》中的朝鲜国民妇　　图5-3 《皇清职贡图》中的朝鲜国民人

其是女装，艳丽华贵，讲究颜色的搭配，但同时，服装式样基本没有变化。朝鲜族服饰按照性别和年龄，可分为男服、女服和儿童服饰；按照穿戴的场合，又可分为日常服、仪礼服（婚礼、丧礼、祭礼）、特殊服装（舞蹈服、农乐服）等不同的种类。

第二节　朝鲜族日常服饰

日常服饰是指男女老少在日常生活中的穿着。

一、男装

朝鲜族传统男装主要有上衣、马褂子、裤子、坎肩和长袍。

上衣，朝鲜语汉音译为"则高利"，宽松而短，斜襟，右襟在里面，左襟在外，用布带在右胸中上方打成半蝴蝶式的结以代替纽扣。上衣有领，但不直立，领上敷有白领衬，以便时常拆洗，让衣服保持干净。男衣较之女衣略长，袖口也略宽些。

马褂子，来源于满族的马褂，是一种防寒外衣，直襟，有一枚或两枚扣子。19世纪后期，朝鲜兴宣大院君来到中国，他回国后推广满族人的服饰。马褂子最初为男性所穿，后来受到女性的欢迎，遂成为两性通用的服装。男马褂子比女马褂子长。马褂子因为比原来朝鲜人穿的长袍短，便于活动，同时又保暖御寒，所以朝鲜人普遍喜欢穿用。

裤子，朝鲜语音译为"巴儿"。裤子的特点是宽松肥大，穿时将裤腰由右向左掖，再扎上裤带，裤腿下端用布带系绑。裤子肥大宽松与起居坐卧有关。东北地区冬季漫长，气候寒冷，朝鲜族使用大面积火炕来取暖御寒。朝鲜族的居室，房前有廊子，房门为推拉门，拉开门后，室内全部为火炕。朝鲜族男人在家庭中的地位比较高，白天劳作后，回到家里，盘腿坐在炕上，喝酒吸烟，享受妻子的服侍。裤腿和裤裆肥大正适合盘腿而坐的习惯。

在朝鲜族民间，关于男子穿大裆裤还有一段有趣的传说。相传在很早以前，村里有几户人家，一家姓朴，一家姓赵，还有一家姓金。老朴家有个儿子，老赵家有个闺女，两个孩子订了婚。老朴家因为穷，迟迟没有娶亲。姓金的是财主，见赵家闺女俊俏，便起了坏心眼儿。一天，金财主找来朴家小伙儿，要雇他看山，但不准他在山上动烟火。小伙儿明白了，这是要饿死他。小伙儿回家后，把事情告诉了赵家姑娘，姑娘什么也没说，回家就做了

· 冠（朝鲜帽子）

· 周衣
（穿在赤古里巴基外面）

· 巴基
（朝鲜阔腿裤）

· 朝鲜绣花绌鞋

图5-4 朝鲜族传统男服

一条裤子，这条裤子不寻常，裤裆非常大。小伙儿穿着大裆裤上山了，因为没有房屋，他便钻进了山洞。财主指使人用大石头把山洞堵上了。小伙儿使劲推也没推开，他又饥又渴，一屁股坐在了地上，觉得裤裆硌得慌，伸手一摸，原来裤裆里有一堆牛肉干儿，他高兴极了。山泉水就着牛肉干，小伙儿一会就吃饱了。他运足了力气，使劲推了几下，洞口的大石头被推开了。小伙儿下山奔回家，正遇上金财主抢了自己的未婚妻，他怒不可遏，上前把金财主打了一顿。金财主本以为小伙儿死了，这是遇见鬼魂了，吓得屁滚尿流。从此以后，朝鲜族姑娘给心上人做裤子时，都加大了裤裆的尺寸，祝福自己的男人不会遭罪，渐渐地成为一种习俗。

其实裤子肥大宽松是为了便于盘坐，轻松随便。为了让肥大的裤子显得利落保暖又不进风，便在裤腿下端扎系上带子。裤子以白色为多，也有灰色、蓝色、玉色、紫色等，多用棉布缝制。

坎肩套在上衣外面，多用绸缎做面，颜色花纹各异，用皮毛或棉布做里子。无领、直襟，有3个衣兜，5个纽扣。坎肩一般在出门时穿，既保暖又使人显得很精神。

长袍又叫周衣，通常在外出时穿。长袍和上衣一样同为斜襟，衣长过膝，袖口肥大，腰间系带子。长袍因季节不同而有单袍、夹袍、棉袍之分。颜色多用深色。

帽子，朝鲜族男人过去头戴黑笠。黑笠在头顶的部分是圆筒形，帽檐很宽，能遮挡阳光。现在的中老年人出门常戴礼帽。

朝鲜族传统的男装现在已经很少穿了，尤其是长袍穿着更少。只有在隆重的节日或重要场合才穿。另外，在农村偶尔会见到穿短衣和"灯笼裤"的老人，他们喜欢这种服装的舒适性。

二、女装

女性的传统日常服装为短衣长裙，是朝鲜族服饰中最传统的服装，至今仍然为朝鲜族妇女所喜欢。它做工讲究、色彩明快、轻盈飘逸，令人赏心悦目。

女子的短衣在朝鲜语中叫"则高利"，是朝鲜族女性最喜欢的上衣。采用平面裁剪，前开襟，衣襟很短，只及胸部。衣领呈V字形交叉，和衣襟连成一条斜线，衣襟右掩，没有纽扣，左右衣襟用两根飘带在右胸前打个蝴蝶结，长长的飘带垂落在裙上，给人以飘逸的美感。衣袖肥大呈圆弧形，到袖口收紧。短衣的下摆也设计成圆弧形。弧形线条的设计使衣服看起来十分柔和。在袖口、衣襟镶有色彩鲜艳的绸缎边，颜色以黄、白、粉色为主，或刺绣花朵、蝴蝶等图案。

图5-5 朝鲜族传统女服

裙子在朝鲜语中叫"契玛"，有长裙和短裙之分，长裙长至脚面，短裙长至膝下。长裙又分筒裙和缠裙两种，年轻女子多穿长过膝的筒裙，筒裙上端按腰身打有细褶，上面连着一个白色小背心，背心前胸开口系纽扣。穿衣服时，先穿衬裙，再穿筒裙，最后穿短上衣。中老年人多穿裹裙、长裙。裹裙是一块未经缝合的裙料，上窄下宽，长及脚面，裙子的上端有许多褶皱，穿时把裙料缠腰一周后，系结在右腰一侧。穿裹裙时里面必须穿素白色的衬裙。裙子大多用丝绸缝制，其特点是顺滑飘逸、色泽柔和。

朝鲜族传统女服短衣长裙，裙子下摆宽大，这种款式使人的身体显得修长，从视觉上弥补了亚洲女性下身短的缺陷。

女性内衣包括衬裤和衬裙，衬裤宽松肥大，衬裙下摆蓬松。衬裙穿在衬裤外面。朝鲜族在移居中国之初，因生活困难，不穿衬裙。近几十年来，随着生活水平的提高，衬裤已被现代内衣所取代。

现代的朝鲜族女服多用色彩明快、花纹漂亮的绸缎或纱类布料缝制，人们根据穿着者的年龄和穿着场合，选用不同颜色和质地的面料，少女婚前穿鲜红色的裙子和黄色上衣，衣袖上有色彩缤纷的条纹；已婚妇女穿红色、粉色的裙子，搭配合适颜色的上衣。年纪较大的妇女，可在多种颜色的面料中选择，多选用色彩明快的颜色。

在冬季，朝鲜族中老年妇女为了御寒，常在短衣外加穿棉或皮坎肩。

朝鲜族女性短衣长裙的服装式样既美观又实用。朝鲜族生活的东北地区接近亚寒地带，冬季漫长而寒冷，长及脚面的裙子可以起到保暖的作用。另外，在宽大膨起的裙子里面，穿着厚厚的裤子也不会影响外观的形态。朝鲜族种植水稻，女人是水田里的主要劳动者，上衣下裳的形制便于水田劳作，裙子在腰部有众多的细褶，给劳动者提供了较大的活动空间。

朝鲜族妇女温柔贤惠，吃苦耐劳，爱整洁干净，她们把家里人的衣服拿到河边清洗，喜欢把衣服放在石头上，用洗衣棒捶打，这样可以使衣服更干净。在朝鲜族村落旁的小河边，常常可以见到三五一群的女人，蹲在石头上，敲打着衣服，捣衣声或轻或重，或快或慢，清脆悦耳，回荡在空中。

三、童装

图5-6　朝鲜族童装

儿童服装最具特色的是七彩衣，即衣袖用七色绸缎拼接制作。朝鲜族认为彩虹是光明和美丽的象征。用七色缎为孩子做衣服或出于审美或出于辟邪的目的，也有可能是朝鲜族妇女勤俭会过日子，把做衣服的边角余料积攒下来，用其拼接缝制儿童服装。孩子在过周岁生日时，无论是男孩还是女孩，家长一定给孩子穿上七彩衣，表示祝福，祝孩子平安、健康、幸福。孩子穿上七彩衣，显得更加活泼可爱。

过去，妈妈们用七彩布条拼接起来做衣袖；现在，有专门做衣服的七彩缎。童装的款式和大人的一样，只是色彩更加绚烂。

第三节　鞋帽及配饰

一、鞋子

朝鲜族的鞋有个发展演变的过程，朝鲜族人早期穿木屐、革屐，后来穿草鞋、麻鞋、胶鞋。船形鞋是朝鲜族独有的鞋子，形状像小船，鞋尖向上微翘。用人造革或橡胶做成的鞋子轻便舒适，男性多穿黑色、褐色鞋，女性多穿白色、天蓝色、绿色鞋。富有者和官宦之家也有穿布鞋和靴子的。现在，普遍穿皮鞋或布鞋。

女性传统的鞋叫"勾背鞋",特点是鞋尖回勾翘起,浅口便于穿脱。在橡胶被普遍使用后,白色的橡胶勾背鞋成为朝鲜族男女皆喜欢穿的鞋子,它柔软轻便,且不怕水。用绸缎面料制作的勾背鞋,上面绣着图案,大多在重要场合穿。其实在中国古代,鞋尖上翘是普遍现象,古代男女多穿袍、裙,长及脚面,上翘的鞋尖可以用来托住袍或裙,不至于滑落。另外,行走时,翘起的鞋尖可以避免踢伤脚趾,起到保护的作用。

朝鲜族穿棉布袜,袜子高绕,袜尖上翘,多为白色,舒适保暖。

图5-7 朝鲜族的勾背鞋　　　　　图5-8 唐朝的勾背鞋

二、帽子与头饰

1. 男帽与头饰

朝鲜族自古以来就以露头为耻,所以十分重视冠巾。男孩子小时候留发梳辫子,长大后举行成人礼,将头发拢向头顶,梳成发髻,戴上冠巾。朝鲜李朝时,官员头戴纱帽,贵族戴笠。笠的质地不同,有毛的、纱的、布的,以此来区别身份等级。现代男子在正式场合戴呢子礼帽,冬季戴有护耳的皮帽,护耳可以随天气的变化折起或放下。

朝鲜族男子跳舞时戴一种帽子,名曰"象帽",因此这种舞蹈又叫"象帽舞"。象帽形制特别。朝鲜族是个能歌善舞的民族,舞蹈是他们生活的重要组成部分,象帽舞是具有代表性的一种舞蹈形式。舞蹈时所戴的象帽分长象帽、中象帽、短象帽、线象帽、羽象帽、尾巴象帽、火花象帽等,是根据帽子上的彩带长短及装饰材质的不同而区分的。象帽的制作方法是,在帽子的底部插一根木棒，木棒上绑着长长的飘带。舞动时，舞者以颈项的力量频频摇动头部，使象帽上的飘带旋转如风，长长的飘带在舞者周围形成一圈圈流动的彩色光环。象帽舞是朝鲜族农乐舞的最高表现形式，具有很高的舞蹈技巧，极具观赏性。这种舞蹈最初源于农业生产，表现了朝鲜族人民在劳动和生活中的喜悦心情，是朝鲜族人民在长期生产生活过程中创造出来的宝贵的文化财富，具有浓郁的民族特色。2006年，经国务院批准，象帽舞被列入第一批国家级非物质文化遗产名录。

2. 女子发型与头饰

朝鲜族女性因年龄不同，发型也不同。孩童时多留娃娃头，短发齐耳，额前留整齐的刘海儿，显得精神可爱；及长成少女，留长发，在脑后梳一条大辫子，辫梢用彩色的丝带系成蝴蝶结；已婚妇女将头发从中间分缝，梳于脑后，挽成发髻，在发髻上插上金银或玉等制作的发簪。盘发插簪是女子成人的标志，旧时，朝鲜族女子成年时要举行"笄礼"。笄，即簪子。笄礼也是中国古代吉礼之一，中国自古对冠礼非常重视，所谓"冠者礼之始也"。从周代起，女子年过15岁，或者已许嫁，便要举行笄礼，将发辫盘在头顶，用簪子固定，以示成年。女人过去也有戴笠的，笠上画花鸟图案，但常用的是头巾，青年妇女外出时头戴遮盖巾，披到双肩；中老年妇女喜欢戴白头巾[①]。

朝鲜族男女喜欢在身上戴配饰。如头上戴绣花的发带，在衣服的领结下

图5-9　朝鲜族成年女子的发式

---

① 辽宁省地方志编纂委员会办公室：《辽宁省志·少数民族志》，304页，沈阳，辽宁民族出版社，2000。

系挂饰，或为玉或为金银，饰物下面垂着长长的流苏，走起路来潇洒飘逸。女性有佩带小刀的习俗。小刀称为银妆刀，银质，是旧时女性防身所用，后来演变成一种习俗。

第四节　朝鲜族传统婚礼服饰

婚礼是人生重要礼仪之一，结婚礼服在婚礼中扮演了极其重要的角色，它有着丰富的文化内涵。朝鲜族的结婚礼服华丽多彩，颇具民族特色。

一、新郎服饰

在朝鲜族的传统婚礼中，新郎的服饰是官服。娶妻结婚是人生中的重大事件，婚礼是人生中最为喜庆的仪式，新郎是这一仪式中的主角，要尽显威武荣耀，所以虽然身为百姓，却也可以穿官服。但是，过去平民新郎通常穿九品官服，九品官是朝鲜王朝时期最低级的官。

新郎的一身新装包括：下身里面穿裤子，上身里面穿衫。裤子和衫用绸布缝制，贫穷之家用粗布或漂白布缝制；外穿官服，官服为宽衣大袖的长袍，袍子的前胸和后背处刺青鹤和白鹃。袍服有红色和蓝色。靴子通常为木底，靴面和靴腰用黑色绸缎制作，靴子里子用白色绒布制作。举行婚礼仪式时，新郎穿自家准备的服饰。婚礼结束后，退下官服纱帽，换上新娘家准备的道袍或长袍。

新郎头戴乌纱帽，乌纱帽两边各有一个角。若新郎是再婚，戴只有一个角的纱帽。婚礼结束后，换上道袍，脱掉纱帽改戴黑笠。

新郎身穿宽衣大袖袍服，袍服的前

图5-10　朝鲜族结婚礼服

胸绣仙鹤，头戴乌纱帽，这套服饰是明朝一品文官的装束。可见，结婚是人生的头等大事。

二、新娘服饰

婚礼时，新娘穿的外套是大红颜色的圆衫，圆衫的袖子用七彩绸缎制作，袖口有白色的汗衬，汗衬上刺绣鲜花、凤凰等图案。圆衫里面上身穿短衫，下身穿衬裤、衬裙或套裤，内衣多用质地柔软的绸子或白细布缝制。

新娘的两边脸颊涂上红红的胭脂，具有浓郁的民族风情。新娘的头饰很有特色，包括簇头里、大头、簪子、发卡、后簪、发带等。

簇头里就是戴在头上的小花冠，是婚礼中重要的头饰，用黑色丝绸制作，底部为圆形，中间是空的，以便顶在头上。簇头里上面点缀珊瑚、玉石、珍珠、玛瑙等饰物。古代朝鲜族妇女用假发编成辫儿盘在头上，假发上加上各种饰物，如簪、钗、花、玉板等。假发的大小以及上面所饰珠宝的多少代表着身份和财富，于是妇女们头上盘的假发越来越大，所戴的珠宝也越来越多，形成了奢侈之风气，一个假发动辄值百金，更有甚者因所戴假发过重而折断颈项而死。据《朝鲜王朝实录·英祖实录》载，英祖三十二年（1756），英祖倡导移风易俗，崇尚节俭，下令禁止士族妇女在头上加盘假发，改为簇头里的小花冠。

大头是将长发编成大头模样的发饰，后来为了简便，用木头制成相似的样子使用，称为大头。大头长40厘米左右，宽约20厘米，上面涂上黑漆，形似发辫。

簪子，是固定头发的发饰，同时起到装饰作用。簪子还有托物寄情、表

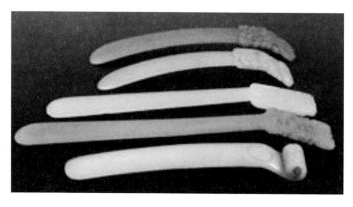

图5-11　玉簪

达心声之用。男子给姑娘送簪子，表示求婚。在朝鲜族婚礼时，新郎要送簪子给新娘以示情意。簪子的质地有金、银、玉石、玳瑁、珊瑚等。簪子的种类繁多，按形状分有凤簪、龙簪、鸟头簪等。朝鲜族婚礼上的簪子很长，横插在发髻上。

发卡是装饰和固定发髻的发饰。

后簪是对发髻后面插的装饰物的总称。簪子有菊花、莲花、梅花、凤、蝴蝶等形状。簪子是东方女性传统的饰物，古代的中国女性、日本女性皆用。

簪子可固定和装饰发髻，它颇具东方古典神韵。油光乌黑的发髻上点缀着红、绿、白、黄各色的金银珠玉头饰，衬托着新娘娇羞的面容，越发显得面如桃花。这也是它几千年来常用不衰的主要原因。

婚礼头饰中的发带有两种。一种戴于脑后，长一米有余，宽约25厘米，自发髻垂下，比裙子略短，上面绣双凤、蝴蝶、牡丹、鸳鸯、不老草、寿字、福字等。另一种发带是挂在簪子上再向前垂下的前发带，多为红色，也有黑色的。前带和后带是成对的。

自中华人民共和国成立之后，尤其是改革开放以来，朝鲜族的婚礼服饰发生了很大的变化，婚礼服饰呈现出多样化。很多年轻人不再穿传统的服饰，新郎改穿西装，新娘着婚纱。当然，也有穿本民族服饰的。

三、新娘给新郎做新衣传说

朝鲜族的姑娘在出嫁前要给新郎做新衣服，婚礼结束后，新郎脱掉官服，换上新娘给做的新衣。至于为什么新娘要给新郎做新衣，还有一段民间故事。

据传说，古时候，有一位姓朴的御史大人怀揣着国王御赐的王牌，乔装打扮，带着随从巡视四方。他每到一处，遇到事情都秉公办理，赏罚分明，深受百姓的爱戴。

有一天，御史路过一个村庄，听到一户人家的院子里一对父子正在谈论一桩案子，父子二人都在为一个新郎鸣不平。御史感到这里面一定有隐情，就假装要水喝，进了院子。

御史一边喝水一边装作不在意的样子问："我在半路上听说这地方发生了一起凶案，敢问您知道是怎么回事吗？"父子俩看御史不像是坏人，就把事情的原委细细地说了出来。

原来，这村子里有一户人家，他们有个品貌超群的女儿。前几天是姑娘结婚的日子，但就在姑娘结婚成亲的这一天，有个财主依仗自己是京城一个大官的孙子，大摇大摆地来到姑娘家要酒喝。财主一边喝酒一边胡言乱语，喝醉了就揪住新郎的父亲拳打脚踢。

新郎见财主殴打自己的父亲，就冲上去使劲儿推了他一下。醉醺醺的财主没有站稳，一下子摔倒在地，不知为什么忽然抽搐了几下，就一命呜呼了。

这下可惹下了大祸。财主的家人带着手下砸了婚礼现场，打了新娘的父母和新郎父子，又买通了县官，诬告新郎杀人。新郎被上了重枷，投入死牢。

御史听完父子二人的讲述，知道了是怎么一回事，道谢之后就告辞了。

第二天天刚亮，朴御史一行就起身上路了，想尽快赶到城里去搭救新郎。路上，他们碰见一位身穿鲜艳新郎服的青年，匆匆忙忙地跑着，朴御史觉得奇怪，就派人问他有什么事。

青年气喘吁吁地答道："今天午时三刻，一个受冤的好人要在法场被处斩，我现在必须去救他。"朴御史听了，更觉得一头雾水，就要他说个清楚。青年只好把事情的来龙去脉匆匆向他说了一遍。

原来，这个匆匆赶路的青年就是被诬陷打死财主的新郎。昨天夜里，忽然有个穿新郎衣服的人蒙着面纱来到死牢，叫他换上自己的新郎服逃出去。当时情况紧急，慌忙之中他只顾换了衣服逃命，回到家里却越想越觉得不对，那个人分明是给自己做了替身。"岂能让人家替我去送死？"所以，他十万火急地往法场跑，生怕去晚了，那个救他的人被斩首。

朴御史听了，深受感动，他二话不说，让新郎跨上了自己的马背，往法场飞赶。

等他们赶到法场，眼看快到午时三刻了。新郎大喊："刀下留人！我才是凶手！"听到喊声，刽子手已经举起的大刀停住了。这时，朴御史拿出王牌，随从同时高声宣布："御史驾到！"县官一听，顿时吓得面如土色，跪在地上不敢抬头。

法场上的两位"新郎"在御史随从的簇拥下，战战兢兢地来到县衙大堂上。

朴御史问县官这两个人谁是真正的杀人凶手。县官翻身跪倒在地，小鸡啄米似地连连磕头说："御史大人，卑职有罪，卑职受了财主家的贿赂，没有升堂审问就判了新郎死刑，所以我也不认得哪个是真正的凶手。"

御史问舍命救人的青年说："你为什么要舍命救那个人？"青年垂泪答道："回禀大人，我是女扮男装来救我的夫婿的。他被官府抓走后，投入了死牢，三天后要砍头。我情愿替他去死，于是就换上亲手给他缝制的衣服，到牢房里换出了他。"

御史命令差役把财主的尸体抬进来，放在大堂上，然后对着财主的尸体说："人家新郎并未打你一拳，你却躺在地上装死，见到本官也不下跪，实在可恶。来呀！给我重打一百大板！"

打过六十大板之后，御史制止了差役，说："住手吧，看来，他受刑不过，真的被打死了，抬出去吧。"

之后，御史当堂罢免了昏庸无道、徇私枉法的县官，送新郎新娘回家，继续举行未完成的婚礼。

这则故事赞美了朝鲜族新郎新娘的美好爱情。新娘的美德受到百姓的赞美，越来越多的姑娘效仿她，结婚时亲手给新郎做一身新衣服，这种做法逐渐成为一种风俗习惯流传下来①。

朝鲜族的礼服除了结婚礼服之外，还有花甲服、周岁服、节日服等。

朝鲜族非常讲究孝道，尊敬老人。父母60岁生日时，儿女要举办花甲宴。花甲宴的男主角穿戴金冠朝服，女性穿小礼服唐装。花甲服不能借用，必须是儿女为父母做的新衣，花甲宴后，将花甲服收藏起来，待百年之后做寿衣用。

孩子在一周岁时，举行祈求孩子健康平安的仪式。在仪式上小孩穿浅色服装，男孩一般上身穿蓝色边粉红色短衣，外罩蓝色背心，下身穿紫色裤子；女孩穿黄色短衣和红裙子或七彩衣。

现在，朝鲜族在日常生活或工作中已经基本不穿传统服饰了，但是在一些特殊的场合，如在节日里，尤其是春节，要给父母拜年，长辈或晚辈都穿民族服装。

第五节　白衣民族

朝鲜族服饰独有的色彩及其搭配，体现了朝鲜族的思想意识和精神风

---

① 董真祎：《朝鲜族》，49页，北京，外语教学与研究出版社，2011。

貌，凝聚了朝鲜族的民族情感和生活哲学。男装外衣的颜色较深，以黑色、蓝色、紫色等为主，沉稳大气；女装色彩明快艳丽，不同的年龄对色彩的选择不同；儿童穿七彩衣，活泼可爱；青年人穿粉、红、绿、黄、浅蓝等颜色的服装；老年人可在多种颜色中选择。女装的短衣长裙，即上衣与下裳的颜色，有的用对比鲜明的颜色搭配，如绿衣红裳、黄衣红裳，给人以较强的视觉冲击；有的用相近的颜色搭配，讲究和谐之美。

尽管朝鲜族服饰看起来五彩缤纷，但是对白色却情有独钟，男人的灯笼裤与上衣多用白色；过去女性的外衣与长裙多为白色，内衣和衬裙也是白色；中老年妇女喜欢用白头巾包头。白色象征着纯洁、善良、高尚、神圣，朝鲜族自古有"白衣民族"之称，常常自称"白衣同胞"。

图5-12　穿白衣的朝鲜族妇女

一、穿白衣习俗

历史上所谓白衣，并不单指没有任何杂色的纯白色，也指乳白色、黄白色、灰白色等白色系列。一般而言，未经过人为加工的自然色，整体上都会给人留下白色的印象。

在中国古代，死者穿白色的衣服，孝服是白色，所以中国人以白色为不吉利的颜色。据《周礼·春官·司服》记载：每逢洪水泛滥或大地干旱，亦或瘟疫疾病肆虐之时，国君就穿上白色的衣服，表明国家正遭受灾难，以示悲痛之情。而朝鲜族则相反，人们普遍钟情于白色服饰，认为白色是纯洁的象征。

在中国的古籍中，多有对朝鲜族穿白衣的记载。《隋书》卷八一《新罗

传》载："风俗、刑政、衣服略与高丽、百济同。……服色尚素。"《旧唐书·
新罗传》卷一九九上《新罗传》记载："其风俗、刑法、衣服与高丽、百济略
同，而朝服尚白。"宋徽宗时，徐兢奉命出使高丽，回国后在其《宣和奉使
高丽图经》中对高丽描述道："农无贫富，商无远近，其服皆以白纻为袍。"
纻，即苎麻，它的茎皮纤维细长、强韧、洁白、有光泽，可织布。可见，
朝鲜族尚白是有历史传统的。时至今日，老年人还喜欢穿白色棉布和麻布
缝制的衣服。

图5-13　清代《奉使图》
中穿白衣的朝鲜人

二、服饰尚白原因探析

人们对不同色彩的喜好受其所处的自然环境、生活习惯、宗教信仰、思
维方式和历史进程中的诸多因素影响。色彩在不同的国家和民族心目中所蕴
含的意义是不一样的。朝鲜族对白色服饰的喜爱，是在其历史发展进程中受
诸多因素影响而形成的。

1. 受自然环境与生产、生活方式的影响

白色具有纯粹性，它给人的感觉是纯洁自然，朝鲜族对白衣的喜爱大
概源于他们的审美心理对纯洁和纯粹性的欣赏与追求。在朝鲜族的古代社
会，对白色的崇尚不仅体现在服饰上，而且也反映在祭祀仪式上，如白马
被作为敬神供品供奉给天神。此外，对白蛇、白鹿、白虎等白色动物皆崇

拜，体现了朝鲜族对白色特有的情结。朝鲜族喜欢洁净，白色象征着干净、淡雅、纯朴，正符合朝鲜民族的审美心理，久而久之，形成了喜穿白衣的习俗。

按照色彩学者的分析，朝鲜族对白色的喜爱可以解释为是被白色本身的纯净所吸引。这种说法从自然的角度解释了朝鲜族崇尚白色的原因。

我国的满族和蒙古族对白色也有着特殊的喜好，赋予白色的象征意义与汉族截然相反。了解满族、蒙古族尚白的习俗，也能帮助我们进一步认识朝鲜族的衣白习俗。

满族认为白色代表吉祥，而红色则表示凶险，以白色为贵，红色为贱，遇有丧事，树红幡。而汉族以红为贵，以白色为丧色。满族谚语说："养狗沾雪，养人沾血。"狗在满族人的生活中占有重要的位置，它可以看家护院，跟随主人行围打猎，也是黑龙江地区满族先世的交通工具。满族人有不吃狗肉、不戴狗皮帽子的习俗。养狗沾雪，是说养狗可以带来吉祥；养人沾血，是说养人可能会带来祸事。所以，在满族人眼中，白色代表吉祥。

满族的先世女真人也有穿白衣的习俗，《大金国志》卷三十九载："金俗好衣白，辫发垂肩，与契丹异。"金朝是女真人完颜部建立的政权，金人即女真人。《三朝北盟会编》卷三载："女真人衣布，好白衣，短而左衽。"

蒙古族也崇尚白色，以白色为纯洁、吉祥之色，他们把农历的正月称为"白月"，把正月初一称为"白节"。白节是蒙古族一年中最大的节日，相当于汉族的春节。这一天，蒙古人皆穿白衣袍，蒙古可汗接受各部所献的白马、白驼、白象及金银珠宝。民间百姓亲人之

图5-14　19世纪初的朝鲜族人

间也互赠白色礼物，当佛教传入之后，又敬献白色的哈达。在白月里，要把蒙古包顶换成白色，若此时再下一场大雪，这个"白月"就更加"吉祥"、完美了，预示着新的一年吉祥如意。蒙古人还把奶制品统称为"白食"，蒙古语为"查干伊得"，意为圣洁、纯净的食品，包括奶子、奶酒、奶茶、奶豆腐、奶油等。蒙古人崇尚白色的习俗延续至今，人们用雪白的哈达献给亲人和朋友表示祝福，喝乳白色的奶子，吃白食，住雪白的蒙古包，蜿蜒曲折的河水在阳光下泛着白光，在蓝天白云下放牧雪白的羊群。

满族、蒙古族和朝鲜族皆属于阿尔泰语系，他们发源于北部山林草原地带，那里气候寒冷，漫长的冬季里冰雪覆盖，白色成为他们生活中最常见的颜色，久而久之便成为他们最喜欢的颜色。

2. 对太阳神的崇拜

有学者认为，朝鲜族人喜穿白衣的习俗可能来源于对太阳的崇拜。

古时候，朝鲜族以太阳为天，相信人都是太阳的子孙。在朝鲜族的卵生神话《朱蒙的故事》中讲：夫馀王老而无子，便去祭拜神山，希望老天爷能赐给他一个儿子。返回时，在一块巨石下发现一个男孩儿，长得像金蛙。夫馀王很高兴，把孩子带回宫，取名"金蛙"，立为太子。

夫馀王死后，金蛙继承了王位。一天，金蛙率众人到优渤水去狩猎，遇见一个美丽的姑娘。姑娘本是河伯的女儿，名叫柳花。金蛙把柳花带回宫中，奇怪的是自从柳花进宫后，一直有一缕白光照耀着她，不几天，柳花竟然怀孕了，过了一段时间，生下一个大肉蛋。

图5-15 白色的蒙古包

金蛙认为是不祥之物，命人把肉蛋扔给狗吃，没想到狗却不理睬。又命人扔到路上，可经过的牛马都远远地避开。最后，金蛙让人把肉蛋扔到深山沟里，不一会儿，山中的飞禽走兽都围拢过来，守护着肉蛋。

金蛙觉得奇怪，就让侍卫把肉蛋还给了柳花。柳花把肉蛋包好放在炕上，每天让阳光照着。几天后，一个小男孩破壳而出，哭声特别响亮。

这孩子7岁时就能动手制作弓箭，而且射术高超，百发百中。夫馀人把神射手称为"朱蒙"，于是，这个孩子就被叫作"朱蒙"了。金蛙有7个儿子，哪个都比不上朱蒙。

夫馀的大臣和王子们认为朱蒙非人所生，将来必会对国家不利，纷纷进言要赐死朱蒙。金蛙知道朱蒙和自己一样，都是上天赐予的生命，不能杀死，便想办法要保住朱蒙的性命。于是，金蛙派朱蒙和奴隶们一起去放马，朱蒙挑了一匹骏马。

一天，金蛙领着王子们进山射猎，突然，乱箭从四面八方射向朱蒙。朱蒙知道是王子们要害他，便策马扬鞭躲过乱箭，回到家中，向母亲禀告此事，母亲劝他到遥远的地方去。朱蒙告别了母亲，跨上骏马，带着三个朋友，奔南疆而去。

朱蒙跑了很远，被一条大江拦住了去路。朱蒙指着苍天喊道："我是太阳的儿子，河伯的外孙，现在后有追兵，祈祷苍天救我一命。"话音刚落，就有数不尽的鱼鳖虾蟹浮出水面，架起了一座浮桥，让朱蒙一行通过。

夫馀的兵上气不接下气地追过来，刚走到桥的一半，鱼鳖虾蟹们一哄而散，追兵统统掉到河里淹死了。

朱蒙渡过大江后，建立了高丽国，做了第一代国王[①]。

从神话故事中可以看出，朝鲜族的先世崇尚太阳，因为太阳给万物带来了光明。阳光中包含着七种色彩，但呈现出的光芒却是白色的，白色的光芒是神圣之色。人们以穿着和阳光同色的白衣为荣，渐渐地形成了风俗，一代代地传承了下来。

在中国古代的东夷部落中也流传着卵生和太阳崇拜的神话。《诗经·商颂·玄鸟》记载"天命玄鸟，降而生商"，讲的是商族人的始祖契是简狄吞食玄鸟的卵所生。商族人起源于黄河下游，故又称东夷。在满族中也有类似的

---

① 董真祎:《朝鲜族》，12～15页，北京，外语教学与研究出版社，2011。

神话故事：天降三仙女浴于泊，有神鹊衔朱果置于老三佛古伦衣上，佛古伦吞而受孕，生下一男孩，名叫布库里雍顺，佛古伦告诉男孩说："天生你，令你做夷国主。"这布库里雍顺就是满洲人的始祖。

东方是太阳升起的地方，对太阳神的崇拜是东方诸部族共有的信仰。他们感谢太阳那耀眼的白色光芒普照大地，带给他们温暖，让他们在冰天雪地中能够生存。所以，他们对白色情有独钟，对散发着耀眼白光的太阳崇拜有加。

3. 受箕子的影响

箕子是中国古代殷商的王室贵族，后来与微子、比干一同被称为"三仁"。商朝末年，商纣王暴虐，大臣被杀，箕子装疯得以逃出，到了朝鲜半岛的北部，建立了箕氏侯国，史称"箕子朝鲜"。箕子入朝鲜后，与濊貊杂居，以礼仪教化人民，又教给人民耕织技术，促进了朝鲜半岛的文明开发。

箕子到朝鲜后，行"八条之教"，改变了当地的社会风气，箕子朝鲜素有"君子国"之称。《博物志》卷三记载：箕子朝鲜上层人士或贵族的衣服是用非"野丝"的纺织细布制作的，头戴高冠，腰佩青铜短剑或细型短剑；一般百姓的衣服用"野丝"织成的布缝制。好礼让，不争斗，故称君子国①。显然，箕子在行"八条之教"的同时，也将商代服饰文化带到了朝鲜半岛并产生了影响。商代，殷人深深地崇尚白色的文化。《礼记》载："殷人尚白。"《淮南子·齐俗训》载："殷人其服尚白。"朝鲜半岛的衣白习俗可能是受到箕子的影响。

如今，朝鲜族人的服装衣料颜色绚丽多姿，色彩斑斓，不拘一格，但历史上的衣白习俗对今天的服饰仍有重要影响，例如，老年人仍喜欢穿用白布制作的衣裤，年轻人穿的内衣或衬裙多为白色，在外衣的领口和袖口处沿白色的边等。

---

① 《中朝关系通史》编写组：《中朝关系通史》，22页，长春，吉林人民出版社，1996。

第六节　朝鲜族服饰保护与传承价值

2008年，吉林省延边朝鲜族自治州的朝鲜族服饰获批准，被列入第二批国家级非物质文化遗产名录。非物质文化遗产是各族人民世代相承的、与群众生活密切相关的各种传统文化的表现形式和文化空间。朝鲜族服饰正是朝鲜族传统文化的表现形式之一。

保护和传承朝鲜族服饰，具有文化价值和经济价值。

一、文化价值

文化价值包括历史、艺术和科学价值，具有研究、观赏和教育的功能。这一价值也决定了对其必须实行保护和传承的原则。

朝鲜族服饰承载着朝鲜族的历史和在历史进程中形成的文化，是民族自我身份确认的重要方式之一，也是最具有表现力的大众化的非物质文化遗产。

第一，服饰记载着民族的历史。

图5-16　传统的朝鲜族女装

自19世纪中叶开始，在特定的历史条件下，朝鲜族从朝鲜半岛陆续迁入中国，历时百余年。在这百余年中，前期迁入的大多是朝鲜的穷苦百姓，他们为了谋求生存越过图们江和鸭绿江，进入中国境内，在两江沿岸开垦土地定居下来。后半期，由于日本吞并朝鲜半岛，朝鲜人不堪忍受日本的统治，出现了向中国的移民潮。尤其是东北沦陷后，日本制定了朝鲜人移民计划，强制将大批朝鲜人移居到东北各地。由于战争和经济萧条，人们生活窘迫，这直接反映在了服饰上——不论男女老幼普遍穿着没有经过染色的素白服装，服装造型简单而较少装饰。

中华人民共和国成立后，朝鲜族地区的经济得到快速发展，人们的服饰首先在色彩和质地上发生了巨大变化，色彩由单调的素色变成了五颜六色，质地除了棉麻之外更增加了丝绸锦缎等。尤其是改革开放以来，服饰的式样更加丰富，人们对传统服装的结构进行改革，如裙子变得短而瘦，与现代人普遍穿的裙子相仿；上衣变长至腰部。这种变化是为了适应现代人的生活，但传统服饰的诸多元素仍保留着。所以说，服饰的产生和演变与一个民族的历史密切相关，它是记载民族历史的一种符号。

第二，服饰是民族文化的具体表现和重要组成部分。

在佛教传入之前，朝鲜族的先世信奉萨满教，在漫长的岁月中，萨满教影响着朝鲜族生活的各个方面，这种影响也必然反映到服饰上。如前所述，朝鲜族素有"白衣民族"之称，在朝鲜人的意识中，白色代表着光芒四射的阳光，它象征着光明、吉祥、纯正，耀眼的白光可以避邪、驱逐妖魔。白色在朝鲜族人的心目中，已经超越了颜色本身的意义，更多体现出人们对美好生活的向往。萨满教的图腾崇拜在朝鲜族服饰上也有充分体现。史料中关于朝鲜族以鹤为图腾的记载很多，乘鹤飞升、飞仙羽化早已成为人们头脑中固有的观念。朝鲜族女性的短衣长裙，衣短而窄，裙长而宽松飘逸，短衣上系长飘带，当行走或跳舞旋转时，长裙摇曳，衣带飘飘，犹如仙鹤展开羽翼飞升一般。

第三，服饰也充分体现出朝鲜民族的审美价值取向。

朝鲜族服饰造型以独特的轮廓和流畅的曲线为主要特点。女性短小的上衣，宽大而长的裙子，呈现出 A 字形的三角造型；男装也是上衣短小，下面的裤子肥大，呈现出上窄下宽的造型。三角形是几何图案的基本图形，在所有平面多边形中，三角形是最稳定的图形。朝鲜族服饰的这种造型反映出他们追求稳定、稳妥的一种心理。服装直线和曲线的变化是女装的一大特点，整个上衣下裳，由几条直线和曲线勾勒出来，上衣从肩到袖头是直线条，领子、袖肚、裙子的下摆是曲线，线条走向如流水般顺畅，充分体现出女性柔美、优雅、端庄的气质。服饰采用大块的颜色对比，给人以不同的视觉感受。除了白色之外，朝鲜族还喜欢各种鲜艳的颜色，如早期的女装多为黄衣红裙，也有使用红与绿相搭配的，造成强烈的视觉冲击。尤其是彩袖，对色彩的运用最为典型，其布料是用七种颜色织成的横条，华丽又具有鲜活的美感，所以多用于儿童或青年女性服装上。彩袖的七色来源于彩虹的颜色，象征着健康、富贵、吉祥。

朝鲜族崇尚自然，又接受了儒家文化的影响，呈现出的民族品性是外柔内刚，其文化是深沉而又活跃。朝鲜族女性在这一点上表现得更为突出。她们看起来文静、温柔、贤淑，但在面对逆境和挫折时却坚韧刚强，而欢庆歌舞时又热情奔放。在节假日或老人的寿诞之时，亲朋好友、男女老少载歌载舞，欢声笑语，在这欢乐的场景中，那多姿多彩的民族传统服饰是最亮丽的"风景线"。

二、经济价值

任何非物质文化遗产的经济价值与文化价值都是密不可分的。一方面，从文化价值开发利用的角度看，非物质文化遗产的经济价值要依附于文化价值；另一方面，非物质文化遗产的经济价值是其他一切价值（包括文化价值）的基础。非物质文化遗产的文化价值最终将服务于它的经济价值，如果看不到这一点，将会使保护与传承工作缺少内在动力，也会在制定相关规章制度时缺少针对性，导致在经济开发中发生错误或混乱。

就朝鲜族服饰而言，其经济价值主要有两个方面。

第一，对于朝鲜民族而言的经济价值。具有丰富文化内涵和独具特色的朝鲜族服饰已经成为一项重要的文化旅游资源，尤其是在吉林省延边朝鲜族自治州，它对游客有着强大的吸引力。人们希望除了影像资料之外，能够看到真正的朝鲜族服饰，如同品尝纯正的朝鲜族美食一样。

对于服饰经济价值的开发，可以从多方面来实行，比如：建立服饰博物馆，陈列古代、近代及现代的朝鲜族服饰，让人们在欣赏服饰美的同时，了解朝鲜族的历史，领略其文化。从更深层次感悟和欣赏朝鲜族服饰，让景区的有关人员身着传统的民族服饰，以吸引游客。利用现代影像手段，向游客介绍服饰的制作和穿戴方法、衣着的场合和礼仪等。让游客穿戴朝鲜族服饰留影纪念。让游客参与服装或饰品的制作，同时购买自己制作的产品以作留念。广泛开发有关服饰的旅游纪念品，使其多样化、系列化，并分为不同的档次，以针对不同的游客群体。充分利用朝鲜族服饰特点，无疑会带动朝鲜族地区的旅游业，给朝鲜族人带来经济效益。

同时，朝鲜族服饰在本民族中还有着广泛的市场，在东北各地的朝鲜族商场里都可见制作精美的传统服饰，人们在节假日、婚庆典礼上、老人的寿诞上，仍然习惯穿着民族传统服装。因此，必须积极地保护和传承民族服饰，开发民族传统服饰的资源，并不断注入新的制作和设计元素，使之更加适合人们的需求，构建朝鲜族服装产业的新格局，努力创造更大的经济价值。

第二，在我国服装行业中的实际应用价值。中华民族是具有悠久历史的统一的多民族国家，56个民族各自创造了灿烂的服饰文化。民族服饰经过了时间的考验，是民族文化的结晶。每个民族的服饰在形成过程中，无论款式、图案、色彩等，都体现着该民族的民俗特征，蕴含着该民族深厚的文化底蕴。其内容丰富，积淀深厚，取之不尽，用之不竭，是我国服饰行业进行创新设计的资源库。如现代人常穿的百褶裙，就是从苗族和侗族的传统服装——百褶裙演变来的，只不过是将原本厚重的手织粗布换成了轻薄的、适合城市生活的新型面料，压褶工艺也从手工制作发展成机器压褶，以适应工业化大批量的生产。再如深受广大职业女性喜爱的筒裙，与黎族的织锦筒裙有着相似的风貌。人们对传统的旗袍进行改革，使之更适合现代女性穿着。

利用我国丰富的服饰文化资源，需要有发现美和创造美的能力。

现在国内的时尚服饰舞台上正弥漫着浓浓的民族风情，在繁华喧嚣的都市，在压力大、节奏快的生活中，自然与返璞归真是人们心中的梦想和渴望，而那些从民族服饰中抽取的自然灵性，在丝丝缕缕的服饰空间中散发和传播着自然淳朴的天籁般的风情，让人的心灵得以慰藉。随着生活水平的提高，人们对服饰的需求呈现出多元化的特点，在目不暇接中感受着时尚的魅力。展现在世人面前的服装是多种风格的交替轮回，这对我国的服装行业既是机遇又是挑战。充分利用我国服饰文化宝库这一资源，是服装行业取得发展的重要保证。

从国际服饰市场来看，中国民族服饰元素已经成为国内外设计师们争相使用的新宠，他们不断从中汲取灵感，结合现代元素，创作出新服饰，引领时尚潮流。也有越来越多的其他国家的人喜欢穿戴中国的传统服饰，被中国民族服饰元素所吸引。这正说明了"民族的终将是世界的"。

面对国内外广阔服饰市场的需求，将民族服饰文化中的精粹与当代设计理念相结合，是现代服装设计师进行创作的一种重要模式，也是服装产业获得发展的重要途径。

在朝鲜族的服饰中，有诸多元素可以被借鉴。如A字形短衣长裙的造型，使女性看起来身材修长而又婀娜多姿；女装衣袖的圆弧曲线，使女性在举手投足之间尽显优雅柔美；朝鲜族服饰在颜色的使用上具有独到之处，其上衣下裳或同色，或形成鲜明的颜色对比，或属同一个色系。大块的颜色使用，让人们的视觉饱尝色彩的盛宴；男女服装的领型、服饰上的镶边与刺绣等，无不给人以美的享受。

朝鲜族服饰同其他民族服饰一样，是中国服饰文化宝库中的一颗明珠，至今仍然保留着完整的民族服装体系，对于现代的服装设计和制作有很大的借鉴作用，这也是它的经济价值所在。

朝鲜族是从朝鲜半岛迁入中国的，与境外同一民族跨界而居。其服饰文化与朝鲜半岛的服饰文化有着深厚的渊源。朝鲜族服饰归纳起来有如下几个特点：男女服装造型皆呈现出上小下大的特点，男子上身穿素色短衣，下身穿肥大的裤子。女子上身穿短衣，下身穿宽松肥大的长裙，皆呈A字形；男女上衣皆斜襟，无纽扣，以飘带打结；自古以来喜欢穿白色衣服，素有"白衣民族"之称。现在除白色之外，女装也喜欢用鲜艳的颜色；服装有日常服、仪礼服（婚礼、丧礼、祭礼）、特殊服（舞蹈服、农乐服）之分。

朝鲜族服饰是朝鲜族思想意识和精神风貌的体现，独具特色，不仅带给我们美的享受，更充实了中华服饰艺术的宝库。吉林省延边朝鲜族自治州的朝鲜族服饰已被列入第二批国家级非物质文化遗产名录。

第六章

东北民间赫哲族服饰

乌苏里江（来）长又长，蓝蓝的江水起波浪。

赫哲人撒开千张网，船儿满江鱼满仓……

20世纪60年代，一首高亢悠扬的《乌苏里船歌》响彻神州大地，让人们知道了一个叫作赫哲的民族。

赫哲族是我国东北地区的少数民族，主要生活在黑龙江省松花江下游与黑龙江、乌苏里江构成的"三江平原"和完达山一带。这里三江沃野，河流纵横，山高林密，盛产驰名中外的鳇鱼、鲑鱼、三花五罗、貂皮、麝鼠等，是富饶的天然渔场和逐猎之地。人们常用"棒打狍子瓢舀鱼，野鸡飞进饭锅里"来形容这里的富庶。世世代代生活在这里的赫哲人以捕鱼和狩猎为生。

赫哲族是我国人口最少的民族之一，仅次于珞巴族和塔塔尔族。2010年全国第六次人口普查统计数字显示，赫哲族人口数为5254人。

在历史上，赫哲族是我国东北地区一个古老的民族。从其所居的地域考察，隋唐时期的黑水靺鞨应当是其远祖。明朝时属于东海女真。清政权在入关前，即已将东海女真全部置于其管辖之下。顺治统治期间，赫哲人曾经同清军一起痛击俄国哥萨克的入侵。在清代文献中，赫哲人又称为"赫真""黑斤""黑津"等。清朝在所修的《皇清职贡图》中描述赫哲人：性格强悍，相信鬼怪。男人用桦树皮做帽子，冬天则戴貂帽穿狐裘；女人的帽子如同兜鍪，多穿鱼皮衣，衣襟、袖口用带颜色的布沿边，衣边缀以铜铃。以捕鱼射猎为生。夏天驾驶大船；冬天江河结冰，则乘坐用狗拉的冰床。中华人民共和国成立之后，统一族名，始定名为"赫哲"。"赫哲"一词有"下游"或"东方"之意。

赫哲人皆沿江河而居，以渔猎为业，在这种特定生态环境下衍生出来的文化，使它的服饰具有浓郁的原始形态、地域风情和民族风格。用鱼皮和兽皮制作服装，注重色彩在服饰上的运用，以抽象生动的纹饰图案来装饰衣服，这都是赫哲族服饰的特征。服饰是一个民族文化的外在表象，透过表象，可以深入了解赫哲族的历史。

第一节　赫哲族服饰历史演变

　　各民族在其历史发展的进程中，服装面料的选用与服装式样均与其所处的生态环境、生产方式和生活方式密切相关。如游牧民族主要用牛、羊的毛皮缝制衣服；狩猎民族多用兽皮缝制衣服；农耕民族则多用棉、麻、丝等作为服装的材料。游牧与狩猎民族服饰造型显得粗犷、古朴、厚重；农耕民族服饰造型则表现得更加细致、精美。

　　赫哲族世代居住在黑龙江、乌苏里江、松花江沿岸地带，这里江河交错、地势平坦、森林茂密，自然资源极为丰富，是特种鱼和名贵皮毛的主要产区。同时，地处边疆的偏远地区，远离中原文化，交通闭塞，生产方式原始落后，一年四季以捕鱼打猎为生。在长期的生产和生活实践中，他们不断地摸索、创造，找到了用鱼皮和兽皮缝制衣服的技艺。于是，取之不尽、用之不竭的鱼皮和兽皮成了他们最初制作服饰的原料。

　　自清代，赫哲人居住地区才开始输入棉、麻、丝等织物。这和清朝在这一地区实行的"贡貂"与"赏乌绫"制度有关。清雍正年间，设三姓副都统衙门，管辖松花江与黑龙江下游、乌苏里江以东和库页岛等广大地区。该地区的各民族除被编入八旗之外，余者皆编入户籍，由朝廷任命的姓长、乡长管理。编入户籍者，每户每年向朝廷进贡貂皮一张，这是清政府对编入户籍者实行的税制。在贡貂的同时，清政府给贡貂者以赏赐，称为"赏乌林"或"赏乌绫"。"乌林"，满语音译，意译为"财帛"，因此，所谓赏乌林即赏财帛。

　　贡貂和赏乌林是同时进行的，每年大约从六月中旬开始，一直持续到中秋结束。贡赏制度的实施，为黑龙江地区的各族人民提供了集中贸易的时间和场所，在贡貂与赏乌林之后，便进行各种贸易活动。赏乌林的地点称为"赏乌林木城"，木城建在村落附近，用圆木围成，分内外两层，内城是赏乌林官署所在之处，外城是交易场所。清廷赏给贡貂者的物品相当可观。康熙年间《柳边纪略》第3卷记载：贡貂者得到的赏赐有衣服、缎绸、布缕、棉花、绿斜皮线、篦子、扇子等；道光年间的《吉林外纪》第8卷记载：赏品有蟒袍、妆缎、布匹诸物。赏赐物品的数量和种类有严格等级差别，姓长、乡长与普通边民所接受的赏赐物品，无论质量还是数量皆有不同。

赏品大部分在京师采买备办，然后运至盛京（今沈阳）贮存。待颁赏届期，由盛京出发，车载船运，络绎于途，运至三姓副都统衙门，再派官员押运至黑龙江下游的木城，船舟云集，帐篷林立。

从史料记载来看，清廷赏赐的物品主要是衣服和布匹，因为这正是赫哲人需要的。清人吴桭臣在《宁古塔纪略》中载：在清廷赏赐的物品中，赫哲人"最喜大红盘金蟒袍又各色锦片妆缎"。

贡赏之后，人们便开始进行自由贸易。在这里进行交易的有费雅喀、鄂伦春、库页、奇勒尔、赫哲等部族的人，此外还有来自俄罗斯和朝鲜的人。人头攒动，熙熙攘攘，热闹非凡。赫哲人可以用渔猎产品换取酒、烟、布匹等物品。

赫哲人除通过清政府赏乌绫获得纺织品之外，至清代末年，已有越来越多的商人深入到赫哲地区，以棉麻等织物换取貂皮等贵重物品，商人带来棉布的品种也逐渐增多。随着交易活动的发展，至光绪初年，赫哲族的交易已经由以物换物演变成为货币交易，这表明商品交换已成为常态。

尽管有清廷的赏乌绫制度，同时也有民间的贸易，但是，受朝廷回赏的主要是赫哲族的上层，同时市场贸易有限，所以，棉麻等织物仍然很珍贵，通常人们用棉麻等织物做内衣，而外衣仍用兽皮、鱼皮缝制。

赫哲人服饰的造型自清代以来逐渐发生着变化。外来的服饰材料和样式对赫哲族原有的服饰产生了影响，使其服饰制作工艺更加考究，样式更加美观，特别是女装更加注重色彩和各种装饰品的使用。

清代赫哲人的服饰深受满族影响，出现了类似旗袍的服装样式。这与部分赫哲人被编入八旗有关，也与清政府在赏乌林中赏赐衣服有关。

至近代，赫哲地区的商业经济得到发展，同时，随着越来越多的汉人涌入，带来了完全不同于渔猎文化的农耕文化。这使得赫哲人的生产和生活方式也逐步发生了变化，此时的服饰材料逐步由棉、麻、丝绸等取代了鱼皮和兽皮。冬季的棉衣代替了毛皮服装；夏天的薄布、麻布取代了鱼皮。服装的式样在保留原有造型的基础上，吸收汉族服饰的诸多元素，种类和功能更加多样和方便，样式也更加美观。

中华人民共和国成立后，党和政府重视各少数民族的经济发展和生活水平的提高，在相关政策和措施的带动下，赫哲地区的经济与文化得到快速发展，民族服饰也发生了翻天覆地的变化。原始的鱼皮与兽皮服饰已经退出历史舞台，取而代之的是现代先进的纺织材料，服饰的样式已和汉族无异。现在，赫哲人传统服饰只有在博物馆、民俗村或者大型民俗活动中才能见到，它的功能不再是遮蔽与保护身体，而是表现民族传统文化的一种道具。

赫哲族的传统服饰，最具代表性的特征是冬穿狍、鹿皮，夏则以鱼皮制衣裳。赫哲族的鱼皮服饰是世界上独一无二的，现已被列入第一批国家级非物质文化遗产名录。

第二节　赫哲族传统鱼皮服饰

用鱼皮制作衣服，早在先秦文献《山海经》中就有记载。清乾隆时期所修的《皇清职贡图》记述了清代中央王朝与海外诸国及国内边疆各民族的关系。书中图文并茂，用写实手法绘制出各国及各民族男女之全貌，人物气韵生动，惟妙惟肖；文字记载简明扼要，介绍了各国及各民族的分布地区、历史沿革、生产方式、生活习俗及向清政府贡赋的情况。其中，就有对居住在黑龙江及乌苏里江一带的民族的记载：费雅喀"男女俱衣犬皮，夏日则用鱼皮为之"；库野"亦有衣鱼皮者"；奇楞"男女衣服皆鹿皮鱼皮为之"；赫哲"衣服多用鱼皮而缘以色布，边缀铜铃，亦与铠甲相似。"[1]可见，在北方用鱼皮做衣服的民族很多，不只是赫哲人，"鱼皮鞑子"也不专指赫哲族，是对用鱼皮做衣服的民族的通称。用鱼皮做衣服，反映了北方沿江而居的民族利用自然、改造自然和适应环境、创造生活的顽强意志与高度智慧。

赫哲族与汉、满、蒙古等民族接触后，开始用棉布代替鱼皮衣料。现在鱼皮衣服已不多见，唯有鱼皮绑腿、鞋子、套裤等还可以见到。鱼皮和兽皮一样，必须通过特殊处理，才可以做服装。

一、鞣制鱼皮技艺

赫哲人千百年来依山傍水而居，以捕鱼为主要生产方式，捕鱼的技巧非

---

① 傅恒，等：《皇清职贡图》，第3卷，256页，沈阳，辽沈书社，1991。

图6-1 鱼皮画

常高明，主要的方法有叉捕、钩捕和网捕。他们可以根据鱼在水中游动的波纹来识别是什么鱼，然后决定用何种方法捕鱼。

　　赫哲人善于鞣制鱼皮，喜穿鱼皮衣。他们在长期的实践中，针对各种鱼皮的特点，逐步摸索出何种鱼的皮适合做何种衣服。制作衣服、裤子、鞋时会分别使用不同的鱼皮，如缝制衣服多用哲鱼、怀头鱼、细鳞鱼、大玛哈、狗鱼等细小麟纹的鱼皮；鱼皮裤、套裤用鳇、鲟、鲤等鱼皮，因为这种鱼皮较厚、结实；乌拉一般用鲶鱼、细鳞鱼、狗鱼等鱼皮缝制。无论哪种鱼皮，都必须经过鞣制，成为鱼皮布之后，方可作为衣料。

　　1. 鞣制鱼皮的工具

　　鞣制鱼皮的工具多用坚硬的桦树、柞树制成，主要有以下几种。

　　木槌床：又叫"木砧"，造型别致，形状如同元宝，是用一根长条形的实心木凿成，底部削平，两头上翘，上面凿成凸凹状，长约62厘米，宽约35厘米，用于放置、捶打、鞣制鱼皮。

　　木槌：形如铁锤，用整段粗柞木砍制而成，柄与槌连接，柄长约19厘米，槌厚6厘米，槌长16厘米，用来捶打鱼皮。

　　木刀：造型如弯月，用柞木削制而成，一边薄一边厚，薄的部分为刀刃，长约65厘

图6-2 木槌床与木槌

米，用来削刮鲜鱼皮。因铁制的刀容易损坏鱼皮，影响鱼皮的质量，所以必须用木制刀。

木齿锯：造型如同铁锯，长约56厘米，宽约5厘米，用来刮鱼鳞。

铁铲：造型如斧子，木柄。铁铲铲头呈倒三角形，长约20厘米，宽约13厘米；柄长约48厘米，铁铲用于铲除干鱼皮上的油渍及鱼肉等。

木铡刀：造型如同现代铡草用的铁铡刀，是经过赫哲人改良后鞣制鱼皮的工具，铡槽、铡刀全部用木头凿成。铡槽长51厘米，铡刀长57厘米，用木铡刀鞣制鱼皮效果好、效率高，既省时又省力。

鞣制鱼皮的工具几乎都是木制的，这是因为赫哲人不知制陶，更不晓得冶铁，而木头唾手可得，所以，他们原始的工具和生活用品都是用独木挖成，或用桦树皮制造，如木盆、木碗、木盘、木勺、桦皮碗、桦皮漏斗等。使用木制的工具和生活用品是赫哲族的一大特点。

2. 鞣制鱼皮的工序与技艺

第一道工序是剥离鱼皮。将整条不刮鳞的鱼稍微控干，擦掉黏液，放在案板上。先用刀（以前用木刀，现在多用钢刀）在头与身连接处横向划开，再顺着鱼腹竖向划剥。划剥时需要很强的技术性，刀刃要紧贴鱼皮，不能刺入鱼肉。然后用一只手拽住头和腹部先拨开的鱼皮，另一只手把刀伸进皮肉之间，从头身相接处到尾鳍，顺次划剥。剥完一侧，翻过再剥另一侧。最后将两侧鱼皮一同沿着鱼的脊背快速用力撕下来，一张带鳞的鱼皮便被完好地剥离下来。

第二道工序是阴干鱼皮。将剥下的鱼皮在木板上撑开绷紧，阴干若干日，使其脱水又不失韧性。千万不能在太阳光下暴晒或用火烤干，这样鱼皮会变脆而失去韧性。阴干后，把新鲜的大马哈鱼鱼籽涂抹在鱼皮上，卷起来存放一段时间，使其发酵，然后再用白浆土把腐脂搓掉、擦干净。至近现代，由于大马哈鱼资源减少，赫哲人找到了大马哈鱼籽的替代品，他们将玉

图6-3 《皇清职贡图》中正在捶打鱼皮的赫哲妇女

米面涂抹在鱼皮上，以去除油脂和腥味。

第三道工序是鞣制鱼皮。早期鞣制鱼皮使用木槌床和木槌。制作者坐在矮木凳上，两脚踏在木槌床上翘的两头，把鱼皮放在木槌床的凹处，一只手拿着木槌敲打鱼皮，另一只手不停地翻动、抻拉、揉搓鱼皮，直至鱼皮柔软泛白为止。这种方法比较费力，并且效率不高，一天只能鞣制几张鱼皮。后来人们改良了工具，用木铡刀鞣制鱼皮，具体方法如下：将四五张鱼皮卷在一起，再把卷好的鱼皮放在铡床上，然后一人用手扶住鱼皮卷的两端，另一人手执刀柄，像铡草一样用力铡压。在铡压的同时反复翻动鱼皮，以保证每个部位都被铡压到，使之受热和鞣制均匀。一般熟软一卷鱼皮需要两三个小时，一天可以鞣制20张左右。木铡刀的使用减轻了劳动强度，提高了效率。

鞣制鱼皮用的木槌床和木槌，在赫哲语中分别被称为"亥日根"和"空库"。关于它们的发明过程，在赫哲族中还流传着一个有趣的故事：相传在很早以前，在黑龙江边的一个林子里，住着赫哲族的老两口。老奶奶勤劳能干，从早到晚不闲着。有一天，太阳已经升得很高了，可是老爷爷还在炕上蒙着鱼皮被呼呼大睡。老奶奶生气了，上前举起拳头一顿捶打。老爷爷被打醒，坐起来刚要发火，突然发觉盖着的鱼皮不硬了。他连忙一骨碌爬起来，说："你等着，我送你件好玩意儿！"老爷爷找来一块圆木，砍砍削削，做成了一个中间凹的木槽和一个木槌。老奶奶把鱼皮放在凹槽里，用木槌捶打，一会儿鱼皮熟软了。从此以后，鞣皮工具"亥日根"和"空库"诞生了，一代一代流传下来[①]。

图6-4　鱼皮衣的局部

① 张琳：《赫哲族鱼皮艺术》，哈尔滨，哈尔滨工程大学出版社，2013。

除了熟好的鱼皮，缝制衣服还需要线。赫哲人最早使用鱼皮线、狍筋线和鹿筋线。鱼皮线用胖头鱼皮制作，因为胖头鱼皮薄、韧性强、弹性好，做出的线细并且结实。具体做法是将刮掉鳞熟好的鱼皮割去四周不整齐的部分，然后像叠切面一样叠成一摞，用刀切成细丝，边切边抻拉。稍粗的一头扎起来，细的一头做线头，穿针引线。鱼皮线上要涂抹狗鱼肝，使之保持柔软不干燥。使用时，把线一根根拽下来，再勒一勒，线变得更细了，使用起来也就更柔滑顺溜。

现在，鱼皮线的制作和使用在国内已经失传，也没有实物遗存。赫哲族是个跨国民族，在俄罗斯境内现有2万余人，当地人称之为"那乃人"。在那乃人中还有会制作鱼皮线者，他们把怀头鱼皮切成细丝，晒干，再用新鲜的大马哈鱼籽浸润，然后放在嘴里边咀嚼边拉成细丝。拉出的鱼皮线呈白色透明状，如同尼龙丝线一样。

鹿筋线、狍筋线等使用的比较普遍和长久，并且有实物留传下来。鹿筋线和狍筋线是用鹿、狍脊背上的筋制作的。将筋取下晒干后，用木槌捶打出纤维。这种纤维洁白、纤细、柔韧，类似尼龙线。早年，赫哲人制作鱼皮鞋、缝补衣服，皆用此线。这种线非常结实，往往衣服与鞋子穿破了，线还不会断。20世纪50年代以后，赫哲人已经使用棉线和尼龙线缝制衣服了。

将一片片鞣制好的鱼皮用线连接成大片，在连接时注意鱼皮颜色及花纹的搭配与对接，使其更好看，然后便根据需要开始裁剪衣服了。

二、传统鱼皮服饰种类与制作工艺

鱼皮衣造型古朴典雅，别致精巧，充分体现了赫哲人的聪明才智。传统服饰主要有以下几种。

鱼皮女袍：所谓袍，长衣者居多，主要是妇女穿用。样式如同旗袍，立领、斜襟、右衽，袖子短肥，腰身窄瘦，身长过膝，下摆肥大。在领边、衣边、袖口等处绣有云纹；在胸前与背后均有堆花装饰。花边与堆花的做法十分精细，用大自然中的野花将狗鱼皮染成红、蓝、紫、黑等色，剪成花样，另以一块本色鱼皮为底，将花样缉在上面。风格淳朴浑厚，粗犷遒劲。早年，在衣服前后襟底部还缝缀着海贝、铜铃和璎珞珠之类的装饰品，别致美观。鱼皮袍具有轻便、保暖、耐磨、防水、易染色等特点，尤其是在冬季不会变硬，不会结冰。

男式鱼皮衣：立领、斜襟、长袖，在领口、衣襟及袖口处均用黑色云纹宽边镶滚，美观大方。以磨制的鱼骨为扣，以鱼皮带为襻。

鱼皮裤与鱼皮套裤：鱼皮裤的式样与一般的裤子一样，由多块鱼皮布裁剪缝制而成。鱼皮套裤是赫哲族男女皆喜欢的服饰，造型独具特色，只有两个裤管而无裤裆和裤腰。套裤用怀头鱼、哲罗鱼或狗鱼皮裁剪缝制而成，分男女两种，比较肥大，套在裤子外面，男式的上端为斜口，女士的上端为齐口。制法很简单，用两块鱼皮布缝成两个裤管，裤管上面用鱼皮折成贴边，边口有

图6-5 鱼皮裤

环，环上系一皮带，以便扎结。裤管下面绣云纹花边。套裤主要是劳动时穿着，男子冬季打猎、夏天捕鱼均喜欢将其套在长裤之外，耐磨、防水又保暖；女人上山采集时穿着，既防虫又保暖防潮。

鱼皮绑腿：即用鱼皮连缀而成的带子，长约180厘米，宽约9厘米。绑腿是出猎时的必需品，扎上绑腿既利落又保暖，还防止虫、蛇爬进。

鱼皮乌拉：赫哲族俗话说"鱼皮乌拉是个宝，捕鱼狩猎离不了"。制作乌拉分为两步，首先用一张鱼皮做成鞋，然后再用另一张鱼皮缝在鞋上为靴筒。鱼皮乌拉一年四季皆可以穿。具有防潮、防滑的作用，深受赫哲人的喜爱，男女老少皆宜。在冬季，为保暖，里面套上狍皮袜头或者絮上乌拉草。

关于鱼皮乌拉，在赫哲族中还流传着一个传说：从前有个小伙子到财主家去做工。财主说："小伙子，送你一双鱼皮乌拉。你要是在两个月内穿破了，我就付你工钱；要是穿不破，你就白干。"小伙子想，就是铁做的鞋也能让我这双大脚磨露了，何况是双鱼皮乌拉，于是痛快地答应了。小伙子天天穿着鱼皮乌拉干活，眼看两个月快到了，鱼皮乌拉一点儿也没破。小伙子犯愁了。这时，好心的姑娘达露莎告诉了他这双乌拉的秘密："鱼皮乌拉不怕硬，不怕磨，就怕碰上牛粪。"第二天，小

图6-6 鱼皮乌拉

伙子在牛粪上踩了几下，晚上，乌拉的底就露了一个大窟窿。财主尽管气得吹
胡子瞪眼睛，也只好给了小伙子工钱[1]。

鱼皮口袋：形如葫芦，长约30厘米，最宽处约25厘米，是用多块鱼皮
拼接而成的。口袋边皆绲以紫色边，口袋的两面均装饰有鱼皮堆花，口袋顶
部缝一条皮带，用来系紧袋口。鱼皮口袋做工精细，用来盛储零物。

因为赫哲族先民鞣制鱼皮工艺有限，鱼皮脱脂不彻底，导致鱼皮霉变腐
烂，所以，现在很难见到留传下来的鱼皮服饰了。

第三节　赫哲族传统兽皮服饰

赫哲人生活的三江交汇处和完达山地
区，冬季气候极寒，大地与江河被冰雪覆
盖，赫哲人出行"乘冰床，用狗挽之"[2]。
狗拉爬犁是赫哲人生活中的一道风景，所以
在清代，赫哲人又被称为"使犬部"。为了
抵御严寒，赫哲人"貂帽狐裘"。在冬季，
兽皮成为以渔猎为生的赫哲人制作服饰的最
好原料，如鹿、狍、貂、水獭、灰鼠、獾子
等动物皮毛，其中以鹿皮、狍皮为多。

图6-7　《皇清职贡图》中坐冰床
的赫哲人

兽皮同鱼皮一样，必须经过熟制才能
成为衣料。

一、熟制兽皮的方法

用来做衣服的兽皮有两种，一种是光板皮子，另一种是带毛皮子。

光板皮子的熟制方法：将兽皮放在缸或木桶里浸泡，冬季泡六七天，夏
季泡三四天，然后取出，用木刀刮干净毛，再晾干。晾干后的兽皮用木铡刀

---

① 黄任远：《赫哲族》，41～42页，沈阳，辽宁民族出版社，2014。

② 傅恒，等：《皇清职贡图》，沈阳，辽沈书社，1991。

铡压，使其变得柔软，再放进缸或木桶里，用狍子的脑浆浸泡，泡好后用绞杆挤出浆水。在做衣服之前，用木铡刀再次铡压，用木槌捶打，直至皮子柔软可裁剪衣服为止。

带毛皮子的熟制方法：用腐朽的木屑拌水，在皮子上抹一层，卷上闷半天或者一宿，然后将皮子撑开，用木刀刮掉肉脂，再用木铡刀铡压或用木刮刀刮。为使皮子更加柔软，用发酵的玉米面闷一宿后，再用手揉搓，用大齿梳子梳理皮毛，即可裁剪衣服了。

缝制兽皮衣裤的线用鹿筋制作。衣服的纽扣用骨头、木头或皮条制作。

二、传统兽皮服饰种类和制作工艺

传统兽皮服饰造型古朴粗犷，制作工艺复杂，服饰种类较多。

1. 狍皮服饰

狍是一种中小型鹿类，是东北地区常见的野生动物之一，在冬天大雪后，狍子常常到村庄附近寻找食物，很容易被猎人抓到。狍皮经久耐磨、防寒性能好，尤其是秋冬两季的狍皮毛长而密，皮厚结实，非常适合做冬装。赫哲人的狍皮服饰主要有以下几种：

狍皮男大氅。大氅即大衣。清代，赫哲人仿效满族居室，冬日里烧炕，室内比较暖和，无需穿太厚的衣服，但外面寒风刺骨，出行时必须穿上大氅。大氅由多块带毛的狍皮拼接缝制而成，大块狍皮用于前胸与后背，小块狍皮多用在腋下，在皮子的接缝处，用一条窄皮缉在缝隙处。所谓"缉"，是一种缝纫方法，一针对一针地缝，这样做衣服既美观又结实。在前襟缝上三四道皮带，用以代替纽扣。大氅衣长过膝，领子高且长于领口，衣服左右及后面皆不开衩。皮毛一体的大氅，可以正反两面穿。

狍皮短袄。毛在里面，皮板在外，腰身肥大，既可作对襟穿，又可作大襟穿。作对襟袄时，胸前有结带二道。作大襟穿时，右腋下缝一条皮带，可以将大襟掩过去系结。因为是一衣两用，所以领口略大于领子，作对襟袄时，领口成鸡心形；作大襟袄时，领子与领口均成圆形。在袄的后摆中间有个短衩。

狍皮裤。裤料为去毛狍皮。裤腰较长，多用棉布。裤管为皮质。赫哲族妇女皆用腿带子扎绑裤管，男人视所需而定。

狍皮套裤。裤料也是去毛狍皮。用数块狍皮拼缝，裤管上宽下窄，上端有缉边，缝有皮圈，扣皮带，以便系在裤带上。式样与鱼皮套裤相同。冬天

图6-8 狍皮手套

穿套裤既抗寒又耐磨。

狍皮手套。狍皮手套的大指与其余四指分开，形同现在俗称的手闷子。裁剪方法简单，用两块皮子剪出手掌形，把做手背的皮子抽褶，然后与另一块皮子对缝即可，此为平日居家无事时所戴。外出行猎时所戴的手套，在大拇指下开一洞，以方便使用武器，洞周围仍用狍皮绲边，借以减少寒气侵入。用鱼皮裁剪一条带子，缝在手套口上，戴手套时，将带子扎紧，既不透风又能保证手套不丢失。后来，也用柔软的狍皮缝制五指分开的手套，手背面用彩色线绣有图案。

狍皮袜。用两块狍皮缝个袜筒，另择一块狍皮做袜底，将袜筒和袜底缝合。式样和汉族人的布袜相同，唯缺少袜帮。

狍皮被窝。用带毛的狍皮缝成圆筒，圆筒的一端缝死，另一端开口。在被的一面留一条缝儿，长一米有余，缝边均用狍皮贴边，这样做是为了结实。被面与开口一端皆缝皮带，以备结扎。赫哲人在寒冬出猎，必携带狍皮被，被子底下再铺毛皮垫子，虽在野外雪地过夜，也足以御寒。

2. 鹿皮服饰

鞣制过的鹿皮特点是柔软、结实、花纹美观、重量较轻、抗寒。赫哲人喜欢用它缝制衣服。根据20世纪20年代末凌纯声先生的实地调查，赫哲族鹿皮服饰主要有以下几款。

鹿皮男长衫：在春秋两季，赫哲族男子喜欢穿鹿皮缝制的长衫，衫长过膝，长袖、立领、斜襟，右衽。为行动方便，在前襟下面开一长衩，在衩的上端缝纽一道或者两道。

鹿皮女衣：皮毛一体，毛在里面，皮板在外。样式如同清代女子的长袍而略短，无领、斜大襟、右衽、衣袖短而肥，腰身瘦，下摆肥大。在领口、大襟上、腋下三处有扣袢。周身用染成黑色的鹿皮做绲边。在领肩四周、前后摆及下衩等处有灵芝盘花形装饰。

在清代，赫哲族女子服饰的发展深受满族影响，不仅在衣料上有改变，在式样上也有变化，出现了类似旗袍的服装，从衣身、衣领到衣袖皆有借鉴满族服饰之处。女子习惯穿袍子，而不穿裙。

鹿皮背心：衣料为上等去毛的鹿皮，皮质柔和绵软。长约68厘米、立领、斜襟，在前襟下方中间开一衩，背心四周及领均绲黑绒宽边一道，再绲黑丝带窄边一道，用青布做里儿，黄铜纽扣。制作精细，式样和满族的坎肩很相似。

鹿皮手套：皮色黄白，形同手闷子，毛在里面，口有三道绲边。

鹿腿皮长靴：靴长过膝，为男子盛装时穿。靴子外面用数张鹿腿皮拼成，拼接时讲究花纹和颜色的搭配；衬里为短毛狍皮，靴

图6-9 鹿皮背心

底是野猪皮，靴口以水獭皮绲边，用纯鹿筋缝制而成。这种靴子外观非常华美，质地结实而且保暖耐寒性能好。

鹿腿皮靴：用料和做法与长靴相同，只不过衬里为去掉毛的狍皮，靴口无水獭皮绲边，比长靴短，靴子高约37厘米。应该是平时所穿。

鹿胫皮短靴：靴子高约28厘米，靴面用鹿小腿部位的皮制成，靴底用野猪皮，靴里用布不用皮。

鹿皮快鞋：式样如同短靴，不过靴腰更短，大致到脚踝。鹿皮鞋面，鞋里是去毛的鹿皮，鞋底为野猪皮，鞋口用黑绒布绲边。所谓快鞋，一定是穿着轻便，便于快步疾走[1]。

赫哲人除了用狍皮、鹿皮做服饰之外，也使用野猪皮。如用野猪皮做靴子，靴底和靴帮用一块野猪皮做成，再用另一块野猪皮做靴面。靴筒用鹿皮。野猪皮厚实隔

图6-10 《皇清职贡图》中七姓人射貂图

---

① 凌纯声：《松花江下游的赫哲族》，84～86页，北京，民族出版社，2012。

凉，还可以做垫子和褥子。

到了近代也有赫哲人穿牛皮鞋，式样同鱼皮鞋无异。牛皮鞋不是自己制作，而是从汉族商人处购得。

说到鞋靴，就不得不讲讲乌拉草。俗称东北有三宝：人参、貂皮、乌拉草。乌拉草主要生长在我国东北长白山以及外兴安岭以南地区，包括库页岛。在三江平原的草甸沼泽中，随处可见一簇簇绿油油的乌拉草。乌拉草叶细长柔软，纤维坚韧，不易折断。每到秋季，赫哲人便割来乌拉草，晒干存放。在东北的寒冬，尤其是在野外射猎，长久地在冰雪里行走，即便是脚穿毛皮靴子也难以御寒，于是人们便将晒干的乌拉草用木棒捶打后垫在鞋里。经捶打后的乌拉草柔软如棉絮，透气又暖和。乌拉草是旧时东北人包括赫哲人在内，在冬日里必不可少的防寒用品。

3. 赫哲人的帽子

赫哲人根据不同季节、不同用途，佩戴不同的帽子，其用料也多样化。

貂皮冬帽。赫哲人所居之地盛产貂。清人吴桭臣在《宁古塔纪略》中载：赫哲人"所产貂皮为第一。富者多以貂翅盖屋，貂皮为帐为裘，玄狐为帐，狐貉为被褥"。赫哲人以前用貂皮做冬帽，至清代，按朝廷规定，每年向清廷"入贡貂皮一张"，同时又有汉族和俄国商人出高价收买貂皮，所以，赫哲人逐渐不再用貂皮做帽子，而改用鹿皮、水獭皮、狐狸皮等。

水獭皮冬帽。帽顶用数块皮子拼缝而成，如同清人的西瓜皮帽，皮毛朝外，内衬棉布，帽左右下端各缝一块皮子为护耳。护耳衬里用长毛水獭皮，天冷时垂下来，正好遮住耳朵，天暖则翻上去作为装饰。

狍皮冬帽。式样和做法与水獭皮冬帽大同小异。赫哲男女所戴冬帽样式及用料相同，并无分别。

狍子头皮帽。用整个狍子头皮做成。赫哲人狩猎时，为了近距离接近猎物又不被发现，制作了伪装帽。具体做法是把狍子头皮完整地剥下来，晒干。然后将耳朵、眼睛缝补得与原来十分相似，用狍腿皮做一对帽耳缝上。就像一个活脱脱的狍子头戴在了人的头上。

桦树皮帽。夏天，赫哲人用桦

图6-11 桦树皮帽

树皮做帽子，以遮光防雨。帽形为锥形，与清廷男子的凉帽相同。做法是用大块桦树皮卷成锥形，用麻绳将连接处缝起来。边缘里外均用桦树皮贴边，接缝处用松树油脂涂抹，以防漏水。帽子内有帽箍，亦用桦树皮制作。帽子外面绘花纹，是用刀刻出图案。

赫哲人擅长用桦树皮制作各种生活用品。每到夏天，人们便入山采取桦树皮，回来后将桦树皮用水煮或用火熏，使树皮变软，再压平，之后便可以剪裁和制作各种用具了。桦树皮帽深受赫哲人的喜爱。

防蚊帽。赫哲人所居的森林草甸地带，夏季蚊蠓成群，若被叮咬，皮肤立刻红肿，多日不消。赫哲人发明了防蚊帽。制法很简单，即在普通的帽子上加一护颈，前面只露出面部，后面将脖子全部遮严。护颈从前用皮子制作，后来改用棉布[1]。

赫哲族的先世千百年来生活在三江沿岸，依山傍水，以捕鱼和狩猎为生，不论对鱼或兽，食其肉，衣其皮。在高寒的艰苦环境下，经过长期的生活实践，运用他们的才智，从渔猎中获取并创造出适合本民族在不同季节穿着的服饰，创造出一套鞣制鱼皮、兽皮，用鱼皮、兽皮制作服饰的技艺。一件件鱼皮、兽皮服饰是人们适应大自然、征服大自然的顽强意志和伟大智慧的象征。

第四节　赫哲族传统服饰艺术

服饰是人类独有的文化现象，它表达着人类生活的精神、审美和文化的内涵。在浏览赫哲族传统服饰画卷的时候，更令人感叹称奇的是服饰的色彩和服饰上的精美图案，它蕴含着丰富的历史文化印记，也体现了赫哲人的审美及对美好生活的追求。

---

[1]　凌纯声：《松花江下游的赫哲族》，83页，北京，民族出版社，2012。

一、服饰色彩

图6-12 邮票中的赫哲族

大自然的景观和宗教对赫哲族服饰色彩产生了重要影响。

在赫哲人的传统服饰中，呈现出的色彩并非五彩斑斓、绚丽多彩，也不见大红大绿，而是鱼皮或兽皮的天然色彩，多呈土黄色，加上天然的深浅色过渡，自然美观大方。边饰用蓝、灰、白、黄、黑、红等颜色。服饰的整体色彩十分接近北方自然景观的色彩。在三江交汇处，夏季里放眼望去，满眼是蓝色、绿色和白色：蓝色的是天空，绿色的是草甸和丛林，白色的是云朵，也是闪着波光的江河，三种色彩构成了一幅充满着勃勃生机的动态山水画。冬日里，眼中的色彩换成了蓝色、灰黑色和白色：蓝色的依然是天，灰黑色的是山林，白色的是雪和冰川，三种颜色构成了一幅寂静的水墨画。生活在这种景致中的赫哲人崇尚大自然的色彩，所以，他们服饰的颜色自然、古朴、沉稳、大气。

在简单自然的色彩中，赫哲人又很注重颜色的搭配。鱼背部皮颜色较深，腹部颜色较浅，在制作鱼皮衣时，要考虑不同颜色、不同花纹，将它们有序地排列组合，便产生了美丽的色彩纹理。大马哈鱼皮纹理精致美观，适合做鱼皮衣的主体部分，狗鱼、细鳞鱼等皮适合裁剪成各种花纹，做衣服的装饰。在做鹿皮衣时，将花纹漂亮的部分用在前襟和后背，稍次者用在腋下部位。再如，做鹿腿皮长靴，需用数条鹿腿皮拼接，其颜色与花纹的搭配反映了赫哲人的审美情趣。

在赫哲人的服饰中，常常使用黑色，如把染成黑色的皮子剪成水纹或云纹图案缝在衣边上。在萨满教中，黑色象征着善神，它是人们漫长黑夜中的守护神，赫哲人信奉萨满教，如同北方信仰萨满教的诸民族一样崇尚黑色。黑色又被视为水和生命的源泉，黑色服饰象征着庄重。

在给皮料染色方面，聪明的赫哲人从山间、江边采摘来鲜花，用花的汁液染色，染成彩色的皮子，作为服装上的装饰，美化了服装。

纵观赫哲人的服饰色彩，其特点是自然、古朴、大气。

二、服饰上的图案艺术

赫哲人的图案艺术特别发达，他们在衣服、鞋、帽、手套上，常常刺绣或缝制图案。在鱼皮衣的前胸和后背有纹饰，在皮衣的衣角、领口也有纹饰。这些图案有的是刺绣的，有的是用皮子剪成图形，再用针线缝上去的。图案的种类有蝴蝶、花草、水纹、云纹等，象征着吉祥。图案构图美观，风格淳朴、浑厚。赫哲人把自然界的一切现象

图6-13　赫哲族服饰上的水纹、云纹图案

和变化，包括日月星辰的更替、江河的奔腾流淌、花草树木的兴亡等，都在服饰上表现出来。这些图案纹饰具有鲜明的地域和民族特色。在各种纹饰中最常见的是水纹和云纹。

渔业是赫哲人主要经济形式之一，也是他们的主要生活来源，食鱼肉，衣鱼皮，衣食皆依赖于渔业，所以，江河对他们而言极为重要。同时，赫哲人也很重视天气变化，天气影响他们的生产和生活，而云是他们解读气象的最直接的参照物。赫哲人在长期的渔猎实践中，对江河及云产生了期盼和敬畏。水和云在人们心中得到升华，变成了图案符号，装饰在服装上，这也是萨满教自然崇拜的一种表现形式。

赫哲族服饰图案主要是以水纹与云纹为原型和基础，再进行分化和组合形成的。最初的图案是单线条，简单写实，具有象形的原始形态。随着人们想象和审美能力不断提高，水纹和云纹形态不断变化，更趋美丽；水纹和云纹相互组合，更趋考究。赫哲人以其丰富的想象力，用浪漫主义手法，勾勒出了各种舒展流畅、动感强劲、明快简洁而且多变的图案，形成了独特的艺术风格。

水纹和云纹图案在赫哲族服饰中主要有两种分布。

一是服饰的边缘部位，包括衣领边、大襟边、衣服下摆的边缘处，起到美化、界定和加固服饰的作用。图案在各部位边缘的布局具有整体性，使整件衣服呈现出强烈的节奏感和韵律美。如下页图所示赫哲族女式鱼皮长袍，袖头、大襟及底摆部位，皆用黑色鱼皮剪出浪花状水纹和云卷纹饰装饰，衣

边装饰图案和衣服整体颜色形成
反差，增加了衣服的轮廓感和线
条感，再配上左右对称的纹饰图
案造型，使一件呆板厚重的皮袍
变得华丽灵动。

　　二是作为服饰某一部位的主
题式装饰。这种图案的水纹和云
纹结构丰满，线条流畅优美而且
变形较大，更具有夸张性，画面
也更加生动而富有情趣。在一组
图案中，仍然采用对称布局。

图6-14　赫哲族鱼皮女袍

　　边缘式和主题式两种布局也
会混用。赫哲人依据对水和云的观察和经验会尽兴发挥，剪出他们想象中的
水纹和云纹式样，把它们装饰在衣服、裤子、鞋或手套上，以此来表达对美
好生活的向往和追求。

　　水纹、云纹图案是用染色的皮料或布料剪出来的，然后用线缝在服装
上。赫哲族女子裁剪花样的技术很高，不亚于汉族人。有学者论证，剪花样
技术是由汉族人传播的，但赫哲人不仅仅是模仿，而且能别出心裁，花样翻
新，剪出生活中熟悉的水、云、山、花、鸟等图案，以此来装饰、美化自己
的生活。赫哲人还能用有色的皮料或布料拼成许多种几何形的花纹图案，用
来装饰孩子的衣服或者被褥。

　　赫哲人服装上的装饰图案是在原始艺术的基础上发展起来的，是赫哲
人记录生活经验、表达审美意识、寄托精神信仰的特殊语言，也是传承历
史和文化的重要载体。在各种图案中，尤以水纹、云纹最多，这反映出赫
哲人的生存环境，在赫哲族服饰图案艺术中最具有代表性。赫哲族服饰上

图6-15　赫哲族刺绣纹饰

的图案艺术具有浓郁的民族气息和特色，是中华民族图案艺术宝库的重要组成部分。

第五节　赫哲族鱼皮服饰文化传承与保护

赫哲族用鱼皮制作服饰已经有千年的历史，鱼皮服饰散发着古代北方渔猎民族独特的文化气息，是赫哲族历史文化的重要组成部分。但是，随着历史的演进、文明的进步与各民族文化的融合，时至今日，鱼皮服饰的制作技艺已经濒于失传。如何将鱼皮服饰文化传承和保护下去，是迫在眉睫要解决的问题。

一、濒危的鱼皮服饰

如果说工具是人类手臂的延长，那么服装就是皮肤的延长。为了防寒和保护身体，人类将狩猎获得的动物毛皮裹在身上，由此产生了衣服。赫哲人的先世世代生活在江河岸边，一年四季捕鱼，以鱼肉为食，并发明了用鱼皮缝制衣服的技艺。在千百年的历史进程中，鱼皮衣的制作技艺不断发展演进，赫哲人穿着鱼皮衣，从远古走到近代。

在清代末年，已有棉布输入赫哲地区，但仍很珍贵，只有富贵者方能拥有和使用。民国以后，三江平原开发的速度加快，赫哲人与汉人杂居共处，粗纺棉布逐渐普及，人们开始用棉布缝制衣服，鱼皮的利用越来越少。20世纪20年代末，凌纯声先生到赫哲人生活地区进行社会调查，他在书中写道："今日鱼皮衣服已不多见，惟鱼皮绑腿、鞋子、套裤及口袋等用之者尚多。"[1]日本侵占东北后，对赫哲、鄂伦春等人数较少的部族实行种族灭绝政策，使赫哲人口进一步减少，濒于被灭绝的境地，在这段时期，赫哲人遭遇了巨大的灾难，鱼皮衣的制作技艺濒于失传。至1945年抗日战争胜利，赫哲地区解放，幸存的赫哲人仅有300余人。中华人民共和国成立之后，党和政府积极扶助

---

① 凌纯声：《松花江下游的赫哲族》，81页，北京，民族出版社，2012。

赫哲人发展渔猎生产和民族贸易，赫哲人生活水平得到快速提高，人们早已不穿鱼皮衣，而改穿现代服装了。人口也较1945年增加了10倍多。但是，由于一部分赫哲人已从事农业生产，改变了原来的生产方式，加之近现代渔业过度捕捞以及生态环境的破坏，使鱼皮衣制作所需的原材料和技艺都受到极大限制，传承延续千百年的鱼皮服饰文化，失去了赖以生存的环境。

由于难以保存的原因，历史上制作的鱼皮服饰已经难以寻见。因为历史和现实的诸多原因，鱼皮服饰制作技艺已鲜为人知。现在，为迎合市场的需求，鱼皮主要用来制作鱼皮画、鱼皮包等工艺品。鱼皮服饰制作技艺以及鱼皮服饰文化亟待保护。

二、鱼皮制作技艺入选第一批国家级非物质文化遗产名录

文化遗产分物质文化遗产和非物质文化遗产两种。物质文化遗产又称"有形文化遗产"，包括历史文物、历史建筑、人类文化遗址等；非物质文化遗产是指各族人民世代相传并被视为其文化遗产组成部分的各种传统文化表现形式，以及与传统文化表现形式相关的实物和场所。按照国家物质文化遗产和非物质文化遗产法的规定，赫哲族鱼皮服饰就是"物质文化遗产和非物质文化遗产完美结合的物化形态，也是赫哲族写在身上的历史，穿在身上的艺术"①。

2006年6月，赫哲族的鱼皮制作工艺被列入第一批国家级非物质文化遗产名录。各级政府和相关部门，对赫哲族鱼皮服饰文化也日益重视，旧的或新的鱼皮服饰走进了博物馆。

尤文凤，女，年近七旬，赫哲族，黑龙江省同江市街津口乡人，是国家级非物质文化遗产项目赫哲族鱼皮制作技艺的传承人。她自幼跟随母亲尤翠玉鞣制鱼皮，制作鱼皮服饰。2010年，在上海世博会上，她制作的鱼皮衣引起人们的关注，这是一件女式长袍，衣服上的鱼皮是按照深浅颜色和纹理一块块拼接的，在袖口和下摆处点缀着云纹和水纹，整件衣服色彩柔和，纹理自然美观。据说制作这件衣服用了50多条十几斤②重的大马哈鱼。尤文凤制

---

① 张琳：《赫哲族鱼皮艺术》，哈尔滨，哈尔滨工程大学出版社，2013。

② 斤为非法定计量单位，1斤＝0.5千克，此处使用为便于读者理解，使行文更为顺畅，下同。——编者著

作的鱼皮衣被中国、日本等国的多家博物馆收藏。目前，她在教授儿孙们学习鱼皮制作技艺，并在村里开设赫哲族鱼皮文化展示厅，使更多的人了解赫哲族的鱼皮文化。

图6-16　尤文凤和她制作的鱼皮衣

尤忠美，女，1965年生，是尤翠玉的外孙女，其母尤文兰是黑龙江省级非物质文化遗产项目赫哲族"说胡力"的代表性传承人，同时也擅长制作鱼皮服饰。尤忠美自幼向外祖母和母亲学习鱼皮制作技艺，成为远近闻名的鱼

图6-17　现代人制作的鱼皮服饰

皮服饰制作高手。她的作品被中国非物质文化遗产研究院、北京民俗博物馆等单位收藏；在国外，被美国亚洲民族文化研究院、韩国国家博物馆、日本北海道博物馆、匈牙利博物馆珍藏。尤忠美非常喜爱自己的民族文化，她多才多艺，能歌善舞，除制作鱼皮服饰之外，还擅长制作鱼皮画，跳萨满舞，演唱"伊玛堪"。"伊玛堪"是一种说唱艺术，因为赫哲族没有文字，所以民族历史靠说唱形式口口相传。在2011年，赫哲族的"伊玛堪"被列入联合国急需保护的非物质文化遗产名录。尤忠美是一位美丽的赫哲族文化传承人。

目前，由于人们对传统文化的重视，传统鱼皮服饰越来越受欢迎，赫哲族的老艺人"重操旧业"，开始制作鱼皮服饰，鱼皮服饰及其制作技艺有望被传承下来。

三、鱼皮服饰及制作技艺的保护与传承

对赫哲族鱼皮服饰及其制作技艺的保护和传承，有重要的意义。

首先，有助于维护国家的文化生态平衡。文化生态如同生物学上的生物链，如果某一生物繁殖过多，或某一生物群消亡，就会影响整个生物圈的平衡。对于国家的文化而言也是如此，中华民族这一大文化生态圈的平衡有赖于文化多样性的存在，社会的正常发展和进步有赖于文化生态圈里的多种文化的相互交流，而非单一文化或者几种文化。各民族遗留下来的非物质文化遗产是中华民族的共同财富。一个民族的非物质文化遗产蕴藏着该民族传统文化的根源，保留着形成该民族文化的原生态及特有的思维方式。但由于这些遗产的局限性，在今天经济高速发展的形势下，这些遗产正以空前的速度走向消亡。文化生态平衡遭到了严重破坏。因此，保护这些遗产是我们目前面临的重要课题。

其次，就赫哲族而言，鱼皮服饰及其制作技艺是这个民族创造力的见证，是自我身份确认的重要方式。鱼皮服饰文化体现出的是赫哲人利用大自然的伟大智慧，勇于征服大自然、自强不息的伟大精神。这种精神财富中的某些内容也许会随着社会的发展以及人们生产生活方式的变迁而失去意义，但是

图6-18 中国非物质文化遗产标识

它的合理精神却超越时空和地域。在历史上，赫哲人是以鱼皮为衣的民族，被称作"鱼皮部落"，所以，鱼皮制作技艺这项非物质文化遗产项目就是赫哲族的身份符号，它承载着这个民族数千年的历史。

现在，保护和传承赫哲族鱼皮服饰文化具有很好的条件。

一是国家的重视和相关政策法规的保护。我国是具有五千多年文明的大国，有着丰富的非物质文化遗产，一贯重视对遗产的保护。2003年10月，第32届联合国教科文组织大会通过了《保护非物质文化遗产公约》，我国自始至终积极参与了《保护非物质文化遗产公约》制定工作和全部过程。2004年，经过全国人大常委会批准，我国正式加入《保护非物质文化遗产公约》签约国之列。之后出台了一系列规范性文件，如2014年8月通过《全国人民代表大会常务委员会关于批准〈保护非物质文化遗产公约〉的决定》，同年颁布《国务院办公厅转发文化部、建设部、文物局等部门关于加强我国世界文化遗产保护管理工作意见的通知》，翌年的年初和年末又分别颁布《国务院办公厅关于加强我国非物质文化遗产保护工作的意见》和《国务院关于加强文化遗产保护的通知》等。除出台政策法规之外，还成立了专门机构管理和推动非遗工作的进行，文化部下设非遗司，在中国艺术研究院设非遗保护中心，在北京大学设中国非遗推广中心等。组织专家对申报的非遗项目进行评审，国务院每两年批准并公布一次国家级非物质文化遗产名录。赫哲族鱼皮制作技艺就是第一批公布的国家级非遗项目。

二是当地政府的重视。赫哲族居住区的地方党委和政府非常重视和关注非物质文化遗产的保护和传承工作。2000年，在黑龙江省同江市修建赫哲族博物馆，占地面积一万平方米，藏品丰富，较全面地展示了赫哲族的历史文化，在藏品中就有鱼皮衣裤；在同江市街津口赫哲民族乡修建赫哲民族文化村，文化村建在国家森林公园中，将自然环境和民族文化融为一体，重现赫哲族的历史；成立赫哲族研究会、赫哲族非物质文化遗产保护中心、赫哲族文工团等。还利用现代技术手段，建设了中国赫哲族网站、赫哲族历史文化资料库。对赫哲族地区进行非遗普查，并召开学术研讨会，对赫哲族的历史与文化进行研究。

三是赫哲人的民族意识和文化自觉意识增强，这是非遗得以保护和传承的最主要原因和动力。目前，除了国家级非遗项目之外，赫哲族还有十余个包括服饰在内的项目被列入黑龙江省省级非遗名录。这也使得赫哲人对自己的民族文化有了深刻认识，更加热爱自己的文化，主动担当起发展民族文化的重任。弘扬民族传统文化、保护和传承鱼皮制作工艺这一珍贵的非物质文化遗产已经成为人们的共识。除了前面提到的尤文凤、尤忠美之外，有越来越多的赫哲人在从事鱼皮服饰和工艺品的制作。老艺人用传统技艺制作鱼皮服饰，一些年轻人在传统技艺基础上发展创新，制作出现代的鱼皮工艺品和鱼皮画，使古老的鱼皮文化艺术进入了旅游和艺术等领域。

综上所述，目前应该是赫哲族鱼皮服饰文化保护和传承的好时机，但在保护和传承的同时还要注意一点，就是文化遗产的延续要动态传承。非物质文化遗产首先需要传承者学习到相关的知识和技艺，通过主观能动的学习，成为自身技能的一部分，然后才谈得上传承。当社会的历史文化大背景发生变化时，非物质文化遗产无法置身事外，也要随之发生相应的变化。所以，非遗的传承不是一代一代毫无变化的重复。它在不同的时期吸取不同的因素，在动态的传承中不断创新发展演变。赫哲族的鱼皮服饰在几千年的历史长河中，也是不断发展演变，不断趋于完善。因此，在传承过程中，发挥主体作用的是人。从这个角度看，非物质文化遗产是一种受制于传承人主观倾向的文化遗产，传承人适应时代发展的需要，不断给非遗注入新的时代元素，这种遗产会更富有生命力，传承的时间也会更长久。

赫哲人适应其所处的自然环境，充分利用自然资源，创造出了以鱼皮服饰为主的服饰文化。赫哲人的服饰自然、古朴、典雅、美丽、种类繁多，内容丰富、工艺独特，它是赫哲人智慧的创造，是赫哲人审美及精神意识的体现。目前，赫哲族的鱼皮制作技艺已被列入第一批国家级非物质文化遗产名录，如何保护和传承是值得人们深入思考和研究的问题。

第七章

东北民间鄂伦春族服饰

　　鄂伦春族是我国东北地区人口最少的少数民族之一，使用鄂伦春语，没有文字。主要居住在大兴安岭山林地带，以狩猎为生。在长期的狩猎生产和生活实践中，鄂伦春人创造出了使用鹿、狍、犴等动物皮制作服饰的技艺，尤其擅长用狍皮制作服饰。其服饰文化颇具地域与民族特色。

　　2008年，"鄂伦春族狍皮制作技艺"被列入第二批国家级非物质文化遗产项目目录，申报单位是内蒙古自治区鄂伦春自治旗和黑龙江省黑河市爱辉区。此外，黑龙江省呼玛县的鄂伦春族狍皮服饰也被列入省级非物质文化遗产目录。

第一节　大兴安岭中的狩猎民族

　　鄂伦春族是个古老的民族，由于没有文字，并且世代生息繁衍在大兴安岭山林地带，与外界几乎隔绝，所以该民族的历史在清代以前的文献记载中十分罕见。关于其族源，在学术界有两种说法，一是室韦说，二是肃慎说，持肃慎说者居多。

　　在黑龙江省呼玛县生活的鄂伦春族老人，会津津乐道地讲述不同版本的关于民族起源的传说。有的老人说：鄂伦春人是老天爷做的，老天爷用飞禽的骨和肉做了十男十女，最后因材料不够做女人了，因此用泥土来做补充，所以女人一点劲儿也没有，不能干活，于是老天爷便给女人一些力量，结果女人力大无比，连男人也不是对手，后来老天爷又将女人的力量减少了一些。当时的人不知道穿衣服，全身是毛。老天爷曾给了鄂伦春人十只野兽，后来又给了二十只，最后给了五十只，结果都被鄂伦春人吃完了。老天爷生气了，人就逃走，被老天爷追回来，用开水把身上的毛全给烫掉，只剩下了腋下和嘴边的毛，老天爷看他们没有头发很不好看，又让他们长了头发，并教会他们用兽皮做衣服。当时人不知道用火，偶然的机会山火发生，人觉得靠近火能取暖，用火烤肉也另有滋味，从此开始知道利用火。在清代以前，鄂伦春人很厉害，力气大，跑得飞快而轻巧，但自从去清朝皇帝那里吃到了盐，以后就不成了[①]。

上述传说，透露出几个信息，一是鄂伦春人信仰万物有灵的萨满教，所谓老天爷即天神，创造了鄂伦春人；二是鄂伦春是狩猎民族，老天爷把野兽送给鄂伦春人，让他们以此为生；三是鄂伦春人用兽皮制作衣服；四是鄂伦春人很早就和清朝建立了联系。

在17世纪上半叶，清太宗皇太极就多次派兵前往黑龙江流域，招抚那里的各个部族。天聪八年（1634），清太宗派梅勒章京霸奇兰等率兵进入黑龙江上游，这里分布着鄂伦春、鄂温克、达斡尔等部族。霸奇兰收服编户壮丁数千人。至康熙年间，清廷将一部分鄂伦春人编入布特哈八旗，成为"牲丁"，肩负着兵役和贡貂任务；剩余的人仍然以狩猎为生，每年向清廷贡献貂皮。

在山林中的鄂伦春人主要从事狩猎活动。在长期的狩猎实践中，鄂伦春人的狩猎工具不断改进。古老的扎枪是将木棍的一端削尖，之后鄂伦春人又发明了石制和骨制的枪头，将枪头安在木棍上。石制和骨制的枪头远比木质的锋利。扎枪是用来捕获近处动物的，而弓箭则是用来捕获远处动物的工具。弓用落叶松和榆木制成，弓弦用鹿或者犴的筋制作，箭头有石制的也有骨制的。到了近代以后，鄂伦春人有了猎枪。狗是鄂伦春人狩猎的得力助手，它可以凭借灵敏的嗅觉发现猎物，也可以在危难时刻保护主人。鄂伦春人使用驯鹿作为运输工具。驯鹿又名角鹿，是鹿科驯鹿属下唯一一种动物。驯鹿的中文名字有点名不副实，因为它并非人工驯养出来的。驯鹿体型较大，一只雌鹿的体重达

图7-1 《皇清职贡图》中的鄂伦春人

---

① 内蒙古少数民族社会历史调查组编：《黑龙江省呼玛县十八站鄂伦春民族乡情况》，1959年5月，现藏于辽宁大学历史学院资料室。

150多千克，雄性稍小。不论雄雌，皆有角，角干向前弯曲，各枝有分叉。驯鹿蹄瓣大，善于穿越森林和沼泽地行走，能负重百余斤。鄂伦春人将其抓捕后，驯养成今日的"驯鹿"，成为他们游猎的交通工具。驯鹿被称为"森林之舟"。

在茫茫的大森林中，鄂伦春人驱赶着驯鹿群，沿着山林间的河流，过着逐鸟兽而居的游猎生活。这种不断迁徙的狩猎生活方式维持了生态平衡。

大山林中的狩猎生活锻造了鄂伦春人勇敢剽悍的性格，同时也使他们积累了丰富的狩猎经验——他们各个都是好猎手。男孩子在十岁以后就开始练习射箭，稍长，便跟随长辈去狩猎。在精通射术的同时，鄂伦春人对动物的习性也了如指掌。在不同的地形，针对不同的动物，他们采取不同的捕猎方法。遇到大型动物或动物群，他们会进行集体围猎；对于鹿或狍子等，他们会采用诱捕的方法，用自制的鹿笛，模仿鹿的鸣叫，以吸引鹿前来，趁机射杀。

当然，鄂伦春人的狩猎是有原则和禁忌的，如不能打正在交配的动物；不能打正在哺乳或孵卵的动物；不能射杀鸳鸯和鸿雁，因为它们是成双成对生活的，若一只死了，另外一只也会在孤独中悲惨地死去[①]。这种原则或禁忌反映出鄂伦春人保护大兴安岭生态平衡的观念和意识。

鄂伦春人以狩猎为主，同时也进行采集和捕鱼。广阔的兴安岭山坡、草甸子和小河边是他们的天然采集场；山林间蜿蜒曲折的河流给他们提供了丰富的鱼类资源。

鄂伦春人在长期的生产和生活实践中，也有了手工业。他们用桦树皮制作各种生活用品，用兽皮制作服饰。在用各种兽皮制作的服饰中，狍皮服饰最具有代表性。

第二节 鄂伦春族传统狍皮服饰种类

鄂伦春人生活的大兴安岭位于黑龙江省和内蒙古自治区东北部，是我国

---

① 王为华：《鄂伦春族》，25～26页，沈阳，辽宁民族出版社，2014。

的最北端，属于高寒地带，冬季长达7个月以上，最低气温低于-40℃，所以他们的服装首先要解决御寒的问题；其次，长期在山林间游猎，翻山越岭，长途跋涉，追逐野兽，要求服装结实耐磨。兽皮能同时满足保暖与耐磨两个要求，在长期以原始狩猎为主的生产方式下，兽皮便成为鄂伦春人制作服饰的原料。

鄂伦春人用鹿、犴、猞猁、灰鼠、狍等动物皮缝制服装，在皮制的服饰中，尤以狍皮服饰的数量最多。这是因为，在鄂伦春人生活的区域内，狍子的数量很多，同时"傻狍子"容易捕获。狍皮经过熟制之后，既厚实又柔软，适合缝制衣服，所以狍皮服饰构成了鄂伦春人服饰的一大特点。

鄂伦春族狍皮服饰主要包括皮袍、皮袄、皮坎肩、皮裤、皮套裤、皮靴、皮袜、皮手套、狍皮鞋以及狍头帽等。

一、皮袍

鄂伦春族的男女老少都喜欢穿皮袍，因为它穿着舒适并且保暖性好，适合北方寒冷的气候。

冬天穿的狍皮袍子是毛朝里，皮朝外，这样穿起来非常暖和。通常男子有长、短两件皮袍。平日多穿长皮袍，皮袍长至脚面，一件宽大而长的狍皮将整个身体包裹起来，足以抵挡寒风的侵袭。短狍皮长至膝盖，是打猎时穿的，便于骑马和奔跑。为了行猎方便，男袍下端前后左右开衩。女人多穿长皮袍，长至脚面，袍子下端为左右开衩或者不开衩。无论男女，皮袍皆为右衽，即大襟掩在身体的右侧。皮袍的领子为立领，多用纽扣或者带子与衣服连接，随时可以摘下清洗。

男女皮袍均装饰有纹样。男袍的纹饰比较简单，用较薄的皮子剪成较窄的云纹样皮条，染成不同于皮袍的颜色，包缝在衣襟和袖口等边缘处，这样既起到了修饰作用，又使衣边结实耐磨而不易破损。女人皮袍的装饰略复杂些，云纹图案变化起伏较大，在衣襟和袖口缝制有宽窄不同的多道边饰，也有的在前胸和后背处绣上纹饰，其式样因缝制者的想法而有所不同。

皮袍的颜色多为乳白色、黄色或者棕色，纹饰多为黑色、蓝色、黄色等。式样与配色呈现出古朴大气的风格。

袍子外面系腰带，显得利落，并且防寒。男人通常系皮腰带，女人多系布带子。

夏天，人们将狍皮的毛去掉，制成皮板，缝制成狍皮短衣。

二、皮裤

鄂伦春男子早期的皮裤较短，裤长仅到膝盖，下面需要穿套裤。皮裤裤腰宽而短，抿腰用皮绳扎系，以免裤子脱落。裤腰和裤裆比较肥大，方便捕猎活动。所谓套裤，其实就是两个上宽下窄的裤管，用红杠子狍皮缝制。红杠子狍皮是指夏天捕获到的狍子皮，因其毛很短很薄，颜色发红而得称。裤管的上下两端均有绳子，上端系在裤腰带上，下端系在靴靿上。因为红杠子皮较薄，做成裤管，穿起来活动方便自如。套裤是劳动时穿的，它比厚厚的皮裤轻便，便于活动，同时穿脱也方便。

女皮裤较长，裤腰和裤腿也比较瘦，皮裤的裤腰两侧有开衩。在裤子的前面，从裤腰处接出肚兜，护住了腹部和胸部，肚兜上面有两条带子，可以系在脖子上，类似于今天的背带裤。在裤腿两侧和裤腿口处镶有花边，花边用不同颜色的皮子剪成，其纹样图案多为云纹或者鹿角纹，呈对称式，线条流畅简洁。即使是在天寒地冻、风雪交加的恶劣环境中，鄂伦春族的女人们也不忘对审美的追求。鄂伦春女人也有穿套裤的习惯，套裤可以保护里面的皮裤少受磨损和污秽。

皮裤有季节之分，冬天的狍皮裤用冬季捕获的狍皮缝制，因其皮厚毛密，保暖性能好。春夏的皮裤用夏天捕获的狍子皮缝制，先将毛刮掉，再将皮板熟好。一般做一条裤子需要二三张皮子。

三、皮靴

鄂伦春人生活在黑龙江南岸，大小兴安岭地区，冬季气候严寒，一年中无霜期为100天左右，大部分时间里，森林和大地被皑皑白雪覆盖，有的山上积雪常年不化。鄂伦春人踩着厚厚的积雪，追逐鹿、狍子、犴、野猪、狼等。为适应环境，鄂伦春人主要穿靴子，又称"乌拉"，高高的靴靿裹在腿上，雪就不会进到靴子里了。鄂伦春人穿的靴子有三种："奇哈密""温得"和"奥劳其"[1]。"奇哈密"由靴底和靴靿组成。靴靿用狍腿皮制作，大人的靴子需要16张狍腿皮，小孩的靴子大约需要12张狍腿皮。靴底用狍脖子皮制作，也有使用犴皮的，因为犴皮比较厚，结实耐磨。这种靴子，男女皆可

---

[1] 王为华：《鄂伦春族》，88页，沈阳，辽宁民族出版社，2014。

穿，轻便暖和，踩在雪地上，声音极小，非常适合跟踪野兽，而不被野兽发觉。"温得"是用鹿皮或犴皮做的，靴勒高及膝盖。"奇哈密"和"温得"是皮毛一体的靴子，毛朝外，适合在冬天穿，人们在靴子里面铺上松软的乌拉草，再穿上狍皮袜子，即使在零下几十摄氏度的寒冬里也不会冻伤脚。"奥劳其"是在夏季穿的，用狍皮做底，用纳在一起的多层布做靴勒，靴面上绣有精美的图案，女靴比男靴的图案花纹式样更多，刺绣也更精细。

四、狍皮帽子

鄂伦春族的狍皮帽子叫"无塔哈"，是用一张完整的狍子头皮制作而成的，又称为"兽首帽"。具体的制作方法：先把狍子头皮完整地剥下，刮净皮上的肉，保留眼睛、鼻子、耳朵和角，然后撑开晾干，进行熟制，最后在里面衬上皮子或者布。眼睛的洞通常用黑色的布补上，近代以来，也有用玻璃珠做眼睛的。原来的耳朵已经耷拉干瘪，于是将其割掉，用兽皮做两只耳朵缝上。狍皮帽子是鄂伦春人生产智慧的产物，在狩猎时，埋伏起来的猎人略有不慎就会暴露自己，惊跑动物，于是鄂伦春人便发明了狍皮帽子，戴上它，既保暖又具有伪装性，潜伏在灌木丛中，静候狍子或者以狍子为食的其他动物到来，伺机捕猎。鄂伦春族的妇女喜欢戴猞猁皮的帽子或者镶着皮毛的毡帽。姑娘们还喜欢佩戴缀有珠子、贝壳、扣子等装饰的头带。

除上述狍皮服饰外，还有狍皮手套和狍皮坎肩等。

手套是猎人们在冬日里狩猎时必不可少的装备，用厚狍毛皮缝制，形状类似于今天的"手闷子"，不同的是在手腕处留口，以便射击时能伸出手。在手套的手背处及手指处绣有图案，尤其是五指手套，做工比较精细美观。

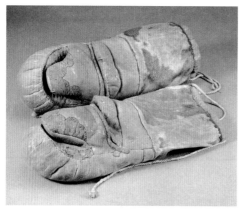

图7-2 狍皮手套

狍皮坎肩的男女款式基本相同，有对襟和大襟两种，均无领。男坎肩的领口和衣襟等部位用皮条包边，包边的皮条和衣服的颜色有差别，包边既防止衣边磨损和变形，又有装饰作用。女性坎肩更重视装饰，衣边的装饰图案无论是纹样还是颜色皆多样化。如果是对襟坎肩，在衣摆左右两侧有小开衩；若是大襟坎肩，则是前后开衩。在开衩处皆绣有图案。

狍皮服饰是鄂伦春人过去千百年狩猎生活的产物，它承载了鄂伦春人的历史和文化。近代以来，由于和其他民族交往越来越多，其服饰也有了变化，人们开始用布帛缝制衣服。尤其是中华人民共和国成立以后，鄂伦春人结束了原始的游猎生活，过上了定居的日子，他们的服饰也发生了巨大的变化，在日常生活中，衣冠服饰和汉族已无区别，只有在特殊的场合和日子里，他们才会穿上民族服装。在民族服装中，传统的狍皮服饰很少见了，服装的面料已被现代的纺织材料所取代。

鄂伦春人除了用狍皮缝制服饰之外，还用狍皮做被褥、睡袋等。进山打猎时，夜晚钻进狍皮睡袋，里面再铺上狍皮褥子，便可以御寒了。妇女们还利用缝制衣服剩余的边角余料裁剪缝制成小饰物，如香囊、兜子、烟荷包、腰带等。鄂伦春人充分利用狍皮，形成了独特的狍皮文化。

第三节　鄂伦春族传统狍皮服饰制作技艺

鄂伦春人多用狍皮缝制服装，主要原因有两个。一是狍皮容易获得。在鄂伦春人的活动区域内，狍子的数量很大，"棒打狍子，瓢舀鱼，野鸡飞进饭锅里"。狍子是一种中小型鹿科动物，喜食灌木的嫩枝和芽、青草、蘑菇等，一般由母狍及其后代构成家族群，通常是3~5只。狍子性情胆小，白天栖息于密林中，早晚才出来活动。冬日里，冰雪覆盖了山林，狍子四处觅食，厚厚的积雪阻碍了它的奔跑，更容易被猎人捕获，人们甚至还可以捡到因寒冷和饥饿而死去的狍子。二是狍子的皮更柔软、舒适和保暖。狍皮制作工艺的流程包括鞣制皮子、裁剪缝制、染色、纹饰、刺绣等。

冬季的狍皮毛长，呈灰白色至浅棕色，且绒毛密实，正适合做冬装；夏季的狍皮毛短且薄，颜色为红赭色，适合做春秋两季的服装。夏天，人们把狍皮服的毛穿在外面，当雨衣用。

用来缝制衣服的狍皮必须先经过熟制，这项工作是由妇女们完成的，她们可以熟制鹿、狍、猞猁、灰鼠等各种粗细毛皮。熟制皮子的工具是木制的，有像镰刀形状的木刀、带锯齿的工具、不带锯齿的弧形工具。

熟制皮子是件繁重的体力劳动。第一道工序是晒皮子。先将打死的狍子趁热剥皮，否则等尸体僵硬就不好剥了，用木刀刮掉皮板上残留的肉及污垢，再将皮子放在林中阴干。为使皮子平整，通常要用数根木棍将皮子绷起来。第二道工序是用木槌敲打晒干的皮子，使其平整并有一定的柔软性。之后用木铡刀反复压，使皮子更软。第三道工序是发酵，把捣碎的狍肝涂抹在皮面上，将皮子卷起，闷一天，让狍肝与狍皮充分发酵。第四道工序，把发酵膨胀后的皮板打开，用带齿的工具刮掉油脂和残渣，再用不带齿的工具反复刮与揉搓，直至皮子柔软富有弹性为止。最后把皮子放在木火上熏一熏。皮子经过鞣制和火熏之后，即使沾上水也不会变硬了。

皮子鞣好之后，便可以根据需要裁剪了。制作一件皮袍通常需要六大块皮子，即左大襟、右大襟、背部、背部以下、左袖、右袖。鄂伦春人缝制狍皮服饰的线是用兽筋做的，主要用鹿、狍的筋。"木烧桦烛短，筋压绣丝长"①，说的是鄂伦春人夜里无灯火，烧桦树皮以当烛；缝纫没有线，唯以鹿筋代之。鄂伦春族妇女将兽筋风干后，用木槌反复敲打，使其柔软疏散开来，成为一根根很细的纤维，再把数根纤维搓成线。这种线光滑柔软，弹力极好，结实耐用，不是丝线胜似丝线，即使皮衣穿破了，线也不会断。

鄂伦春族妇女擅长刺绣，她们在服饰上绣上各种图案。其图案主要有三种：一是几何纹，主要有原点纹、三角纹、水波纹、浪花纹、半圆纹、单回纹、双回纹、丁字纹、方形纹、涡纹等。这些图案再根据需要进行组合，又产生新的图纹。二是植物纹，如叶子纹、树形纹、花草纹等，南绰罗花纹样使用最多。鄂伦春语"南绰罗花"意为"最美的花"，象征着纯洁的爱情，多用于新娘子服饰上。花形呈"十"字形，用云卷变形纹表示。三是动物纹，主要有云卷蝴蝶纹、鹿形纹、鹿头云卷纹、马纹等。此外还

① 黑龙江省档案馆、黑龙江省民族研究所：《黑龙江少数民族档案史料选编》，134页，1985年内部发行。

有"寿"字纹等，无疑这是借鉴其他民族的纹饰[①]。这些纹样图案给人以粗犷、质朴、自然的美感，反映出鄂伦春人对大自然的崇拜和对美好生活与事物的追求。

刺绣的方法主要有两种，一种是用花线直接在衣服上刺绣；另一种是把皮子剪成各种图案，然后缝在衣服上，一般是缝在袖口和衣襟的边缘处，既美观，又增加了衣边的耐磨性。早期刺绣用的是骨针和鹿及犴的筋，近代以来，多用钢针和各色丝线。

鄂伦春人除制作狍皮服饰之外，还擅长制作桦皮器皿。每年的春季剥取桦树皮，浸泡在温水中，待其柔软后刮掉粗糙的表皮，使之平滑，然后缝制成各种生活器皿，如碗、筒、摇篮、箱子等。缝制完成后，还要在上面雕刻各种花纹，雕刻的手法简练、粗犷，线条流畅，装饰性很强，件件都是艺术品。

第四节　黑龙江省呼玛县、塔河县的鄂伦春族服饰

呼玛县和塔河县相邻，隶属于黑龙江省的大兴安岭地区，位于大兴安岭东麓，黑龙江上游西南岸。

呼玛县的白银纳乡是鄂伦春民族乡，"白银纳"鄂伦春语意为"富裕"。1953年，国家为安置在大兴安岭森林里游牧的鄂伦春族，在白银纳村建立了鄂伦春聚居区。白银纳村原属十八站公社，后经变更，在1984年设置了白银纳鄂伦春族乡，乡政府设在白银纳村。鄂伦春族人口占全乡总人口的21%。

塔河县的十八站是鄂伦春族乡。十八站，是清代设置的驿站名，清康熙二十四年（1685），开辟墨尔根至雅克萨的驿道，在今十八站乡东南设置驿站一处，从墨尔根算起，排列第18站，故名。1953年，为安置游猎的鄂伦春族定居，始设新村。1957年，设置十八站鄂伦春族乡，隶属呼玛县，1981年划归塔河县管辖。

---

① 殷广胜，《少数民族服饰（上）》，70页，北京，化学工业出版社，2013。

　　两乡的鄂伦春族在清朝初年归布特哈总管衙门管辖，历史上的鄂伦春族过着狩猎、捕鱼的生活。中华人民共和国成立以后，开始定居生活，主要从事农业生产。

一、日常生活中的民族服饰

　　白银纳乡和十八站乡地处大兴安岭山区，冬季气候严寒，最低气温可至零下四五十摄氏度。兴安岭内森林资源丰富，以樟松、落叶松为最多。在山坡和草甸上，到处生长着各种野菜、野果。森林中鹿、犴、狍子最多。呼玛尔河及其支流贯穿其全境，有名的大马哈鱼是这一带的特产。鄂伦春人在这一带从事狩猎、捕鱼、采集等生产活动。他们的服饰与生产活动密切相关。

　　1. 传统的皮制服饰

　　鄂伦春女性从小就跟随母亲学习熟皮子，各种皮张熟得既快又好，一张比牛皮还厚还大的犴皮，两三天就可以熟好。一天可熟好三四张狍皮。熟好的皮张非常柔软，过去主要是用于做衣服和被褥。

　　鄂伦春族服饰主要有如下几种。

　　皮长袍，鄂伦春语称之"苏恩"，有狍皮、鹿皮、犴皮三种，一件需要狍皮五张或鹿犴皮三张。男皮袍费工三天；女皮袍费工五天，因为要在女皮袍上贴边和刺绣纹饰。狍皮长袍可穿三年。

　　皮袄，鄂伦春语称之"道布吐恩"，也分狍皮、鹿皮、犴皮三种，一件皮袄需要五张狍皮或三张鹿犴皮。狍皮袄可穿三年。

　　皮裤，鄂伦春语为"阿勒开依"，有狍皮、鹿皮、犴皮三种，需要三张狍皮或者鹿犴皮一张。

　　皮套裤，鄂伦春语称之"阿拉莫素"，用夏天的狍、鹿、犴皮制作。需要狍皮一张半，小鹿犴皮一张。狍皮套裤能穿二年，鹿犴皮套裤能穿三年。

　　皮袜子，鄂伦春语称之"达克吐恩"，用狍皮制作，两张狍皮可做三双，一名妇女一天可做五双皮袜子。一双袜子能穿一年。

　　皮靴，鄂伦春语为"奇哈密"，用狍腿皮和脖子皮制作，各需一张，两天做成，可穿一冬。

　　皮帽，鄂伦春语为"阿温"，有狍脑皮、狐狸皮、猞猁皮三种帽子，每顶皮帽需要制作一天，能戴三年。

　　烟荷包，鄂伦春语为"卡巴达拉嘎"，用不带毛的犴、狍子或水獭爪皮制作，上面刺绣着图案。

除了服饰之外，还有狍皮被，用冬天的狍皮或犴鹿皮制作。双人的需要狍皮七八张，单人的需要狍皮六张。一条被子，需要缝制两天，可盖一年。此外还有皮口袋、枪套、背包、皮箱等。[①]

2. 近现代服饰

随着社会的发展，鄂伦春族生产生活方式发生了变化，其服饰也发生了重大变化。除少量皮制服饰之外，更增添了布帛缝制的服饰。主要有以下几种。

夹长袍，鄂伦春语为"希古依安"。所谓夹长袍，是由面和里子构成的长袍，适宜在春秋季节穿。用绸缎或棉布缝制，镶边。男袍多为黑色和蓝色，女袍多为红色或绿色。长袍外扎腰带。

单长袍，鄂伦春语为"查姆卡"，用棉布缝制，是过去男女在夏季经常穿的普通服装。

马褂，鄂伦春语为"乌勒布"，用绸缎或棉布缝制，套在长袍外面。长袍马褂是一种礼服性质的服装，通常在外出、过节或结婚时才穿。

布小褂，鄂伦春语为"汗达哈"，是套在皮衣里面穿的，相当于现在的衬衣。

布裤，鄂伦春语为"巴呼阿勒"，男女皆穿。

布坎肩，鄂伦春语为"得贺里"，无袖，套在长袍外面穿。

在中华人民共和国成立前，鄂伦春男子多穿黑色和蓝色布袍，个别老人穿绸缎衣服；中华人民共和国成立后，男子多穿蓝色、灰色布衣，衬衣则用白棉布缝制。现在白银纳乡和十八站乡的鄂伦春人由于过着定居的生活，很少穿狍皮服饰了，只有上山打猎才穿皮袄、皮裤，其余时间皆着现代服饰。

二、狍皮服饰被列入黑龙江省第一批省级非物质文化遗产名录

呼玛县的鄂伦春族服饰入选黑龙江省第一批省级非物质文化遗产名录。

---

① 内蒙古少数民族社会历史调查组：《黑龙江省呼玛县十八站鄂伦春民族乡情况》，59～60页，1959年5月，现藏于辽宁大学历史学院资料室。

近年来，非物质文化遗产问题越来越受到人们的关注。因为非物质文化遗产是历史发展的见证，又是珍贵的具有重要价值的文化资源。历史上，鄂伦春族世代以游猎为生，长期食兽肉、衣兽皮。狍皮手工技艺是鄂伦春族战胜严寒、保护自己、适应环境、积极生存的创举。

在20世纪90年代，各级政府在鄂伦春族内实施"禁止猎业""禁猎转产"政策，以维护生态平衡，拯救濒危野生动物。鄂伦春人开始定居生活，主要从事农业生产。随着社会的进步，鄂伦春族男女老少穿上了现代服饰。随着时间的流逝，掌握狍皮制作技艺的老人相继离世，狍皮服饰也正在鄂伦春族的生活中逐渐消失，狍皮制作技艺处于亟待拯救的状态。

呼玛县的鄂伦春族服饰被列入黑龙江省第一批省级非物质文化遗产名录，正反映黑龙江省各级政府对鄂伦春族服饰的重视。但对遗产保护工作的展开还是任重而道远。

第八章

东北民间达斡尔族与鄂温克族服饰

第一节　达斡尔族服饰

达斡尔族主要分布在内蒙古自治区、黑龙江省和新疆维吾尔自治区。根据 2010 年第六次人口普查，全国共有达斡尔族人口 131992 人。黑龙江省的达斡尔族主要分布在齐齐哈尔市，此外富裕县、嫩江县、黑河市等地也是达斡尔族较为集中的聚居地。

达斡尔族是我国北方一个历史悠久的民族，对其族源，研究者多认为是契丹人的后裔，信仰萨满教，有自己的语言。辽代的达斡尔族既有农耕，又从事传统的渔猎业，擅长驯服猎鹰，利用猎鹰捕获动物。在清代及清代以前，寒冷的北方，达斡尔族的服装主要以兽皮制作的长袍为主，皮衣是其传统服饰。

一、清代贡黑貂的达斡尔人

17 世纪中叶，达斡尔人主要分布在外兴安岭以南、黑龙江以北的广大地区。后金政权不断用兵，进入黑龙江流域，招抚散居在那里的各部族。当时的达斡尔或被称为"萨哈连"（满语对黑龙江的称谓），或被称为"萨哈尔察"（满语为黑貂），有时又与鄂温克等被统称为"索伦"部。《清太宗实录》卷 18 记载，天聪八年（1634），精奇里江流域的达斡尔首领巴尔达齐率众人朝贡后金，贡献貂皮 1818 张。翌年，巴尔达齐再次率众朝贡，贡貂狐皮等物。在他的影响下，达斡尔的其他部落也相继归附后金。巴尔达齐被封为后金的额驸。清崇德四年（1639），黑龙江流域索伦部长博穆博果尔叛清，索伦各部起兵响应。巴尔达齐率所部坚定地站在清廷一边，并参加清军平定博穆博果尔的战争，立下战功。顺治六年（1649），巴尔达齐入京供职，隶属满洲正白旗，初封三等阿思哈尼哈番，后迁至一等阿思哈尼哈番。顺治十一年（1654），卒于北京。

清顺治朝，沙皇俄国军队侵入黑龙江流域，达斡尔人和其他民族一道奋起反抗俄军。《清圣祖实录》卷22记载，康熙六年（1667），清政府把达斡尔部1100余人"编为十一佐领，设头目管辖"。在《尼布楚条约》签订之后，黑龙江将军辖区内的达斡尔人被编入八旗满洲，分驻在黑龙江的各驻防城镇。此时的达斡尔人在文献中有"达呼尔""打虎儿""达虎里""达胡尔"等不同的译名。

除编入八旗满洲之外，清廷还设立了布特哈八旗，又称为"打牲部八旗"，把居住于嫩江流域及大小兴安岭一带的索伦、达呼尔等渔猎民族编入布特哈八旗，其总管官员为"总管""副总管"，其中，除满洲总管之外，有索伦（鄂温克）、达呼尔（达斡尔）总管和副总管数人。

被编入布特哈旗的达斡尔族分散各处，蓄养牲畜，打猎捕鱼，耕种田地，同时成丁每年必须向朝廷交纳一张貂皮。

貂皮是清代冠服中贵重的用料，是宫中"辨等威、物化皇权"的象征物品之一，皇帝也常常用它来赏赐王公贵族和有功之臣。宫廷和上层社会对貂皮的需求量很大，这些貂皮主要来自于布特哈八旗的牲丁。为了保证貂皮的供应，清廷严格制定贡貂的奖惩制度。

贡貂成为达斡尔族一项特殊而又繁重的义务，每年的冬季或初春，达斡尔族的打牲人丁都要远赴黑龙江流域的西林穆丹河、呼玛尔河、牛满河、精奇里江等处进行捕貂作业。向朝廷贡貂，是在一年一度的"楚勒罕"（集市贸易）上进行。每年五月为"纳貂之期"，从各地赶来的牲丁齐集齐齐哈尔，"卓帐荒郊，皮张山积"。黑龙江副都统端坐堂上，协领和布特哈总管于东西两边席地而坐，对貂皮进行验看拣选。最后再将选中的貂皮集中解送京师。达斡尔族牲丁贡貂直至清亡。

二、服饰的多民族性

达斡尔族的服饰与其生存环境和生产生活方式密切相关，也与其历史发展进程密切相关。在寒冷的环境中狩猎，使得达斡尔人和鄂伦春人一样以兽皮作为加工衣服的基本材料，衣皮是其服饰的传统。在清代，一部分达斡尔人被编入八旗满洲，这部分人和满族长期杂居共处，在服饰上受满族影响较大。达斡尔文化受蒙古文化影响较大，包括在服饰上。另外，由于达斡尔人较早地进行商业贸易和耕种土地，故而也穿布料裁制的衣袍。达斡尔民族因其自身历史进程不同，所以服饰具有多民族性的特点。

图8-1　达斡尔族服饰

　　达斡尔的先世生活在兴安岭以南至黑龙江北岸地区，17世纪，受俄国哥萨克的侵扰，开始迁徙，主要居住在大兴安岭东麓的嫩江、诺敏河流域。这一地区冬季漫长，气候严寒，高山上的积雪甚至常年不化，防寒保暖是其第一需要。早期的达斡尔人生产力水平不高，主要以狩猎为主，高山深谷为达斡尔族提供了丰厚的猎物。自然环境和生产方式决定了达斡尔人以动物的皮毛作为制作服饰的面料，特别是冬装，他们多用狍皮缝制衣服、帽子、手套、靴子。冬天的狍皮绒毛密度大，毛不易脱落，穿起来柔软、暖和并且结实耐磨。除了狍皮之外，达斡尔人也用鹿皮、犴皮、狐狸皮等做服饰的原料。在长期的生产和生活实践中，达斡尔人掌握了精湛的熟皮子技术，熟制后的皮子柔软富有弹性，可以随意裁剪制作各种服饰。夏天，他们用没有毛的皮板做成皮衣、皮裤等。在服饰的式样上，达斡尔人喜穿长袍，男袍是四面开衩，以便于狩猎。一方水土造就一方文化，自然环境和生产生活方式决定了达斡尔人服饰的文化特点。

　　随着社会的发展，达斡尔人和其他民族的交往越来越多。交往的增多和加深，势必会造成文化的交流，达斡尔人在不知不觉中将其他民族服饰的诸多元素应用在自己的服饰中。长期以来，影响达斡尔服饰文化的民族主要有蒙古族、满族和汉族。

　　达斡尔族和蒙古族都是我国北方少数民族，从二者的语言、风俗习惯等方面来考察有许多相似之处。蒙古族的服装具有适应草原游牧生活的特点，如男女皆穿宽大的袍子，袍子开衩，在袍子的衣襟和袖口等处镶有不同于衣服颜色的花边，脚穿长靴，腰系皮带或绸带，这些特点都能在达斡尔族服饰中找到。

　　达斡尔族和满洲建立关系很早。在今天的鄂温克人中还流传着清初他们内迁的传说。

> 鄂温克人曾到达现在住的地方，也曾又回到黑龙江去。那儿有个国家不让他们去，又往回来，这时达斡尔人也跟来了。"达斡尔"有跟来之意。结果达斡尔人先投降了罕王，鄂温克人到山上去未投降。后来罕王在奉天建立国家，请鄂温克人下山，罕王给他们起名叫"索伦"，即请来的人。①

传说中的"罕王"就是清太祖努尔哈赤。这个传说基本上符合历史，努尔哈赤在兼并海西女真的乌拉部之后，打通了通往黑龙江的通道，即派兵到黑龙江流域招抚那里的各部族。《清太宗实录》卷23记载，在清太宗时期，达斡尔人多次到盛京（今沈阳市）贡献方物。清太宗对他们大行赏赐，赏赐的物品中就有"蟒缎朝服、衣帽、玲珑鞓带、鞍马、缎布有差。其从役六十三人，各衣一袭"。清入关之初，沙俄入侵黑龙江上游索伦人的居住地，焚烧抢掠。清廷因八旗兵主力在关内作战，无力驱逐入侵的沙俄兵，便将索伦、达斡尔等部族迁到黑龙江南岸的墨尔根、齐齐哈尔等地。《尼布楚条约》签订之后，为加强东北边防，清廷将索伦、达斡尔等各部大量编入满洲八旗。康熙三十年（1691），圣祖谕令："齐七喀尔（齐齐哈尔）地方，以索伦、达呼里（达斡尔）之众，酌量令其披甲驻防，遣满洲兵二百人往彼教训之。"②被编入满洲八旗的达斡尔士兵被称为"新满洲"，他们驻防在黑龙江将军辖区内的各城镇。在八旗内，达斡尔人和满洲人朝夕相处，服饰和满洲渐同。那些被编入布特哈八旗的达斡尔人，虽然他们散居各地，但为清廷捕貂贡貂，和满洲官兵多有接触，在服饰上也受到影响，达斡尔妇女的长袍和满族妇女的长袍很相像。

清代后期，达斡尔人与内地汉人的交易越来越频繁，达斡尔人出售貂狐等皮张，汉人则出售棉纺织品等。棉纺织品的种类与颜色繁多，裁剪和缝制服装比皮子容易，并且做出的衣服穿着舒适轻便好看，渐渐地人们开始喜欢穿布制的服装了。民国以后，达斡尔族已经从原始的狩猎经济转向了农业、

---

① 内蒙古自治区编辑组：《鄂温克族社会历史调查》，13～14页，呼和浩特，内蒙古人民出版社，1986。
② 蒋廷锡，等：《古今图书集成》，594页，台北，鼎文书局，1977。

渔业、畜牧业，过起了定居生活。为适应生产和生活的新变化，达斡尔人的服装一步步地汉化，长袍变成了短衣、长裤。尤其是妇女，放弃了皮衣，缝制服饰主要以棉布和丝绸为主，并将刺绣运用在服饰上。

在达斡尔族的历史进程中，其服饰受到蒙古、满族、汉族服饰的影响，呈现出多元化的特点。作为人口较少的民族，在和其他民族的广泛交往过程中，很难保持完整独立的民族文化形态，达斡尔族善于汲取其他民族的文化元素，将其与本民族文化结合起来，形成了独具魅力的达斡尔民族文化，达斡尔族服饰充分地体现了这一点。

三、传统服饰种类及制作技艺

达斡尔族传统服饰的种类主要有袍服、马甲、套裤、帽子、手套、鞋靴等。

袍子从式样上有长短之分，棉单之分；从面料上有皮袍、布袍之分。

皮长袍，达斡尔语称"德力"，是男性的冬季服装。式样为立领，右侧开衩，用骨扣或布条皮条编结做扣，后期有了铜扣，衣长至脚踝上，绒毛朝里，皮板在外，系腰带，腰带上挂着刀具、火镰、烟荷包等。皮长袍是用秋末冬初打的狍子皮制作的，这种皮毛厚密、不掉毛、结实耐磨，适合冬天在山林川泽间狩猎捕鱼穿着。达斡尔族也用貂皮、猞猁皮、羊羔皮、水獭皮等制作绸缎吊面的长袍，十分华丽讲究。短袍是在春秋和夏天穿的，衣长至膝盖下一点，在前面开襟。短袍子是用农历八月和伏天打的狍子皮制作的，这种皮袍毛稀且短。夏天的狍皮使用刮去毛的皮板制作。

布长袍，分为男女款。男布袍形同皮袍，立领，右衽，多为蓝、灰色，在袍子的衣领、开襟、下摆及袖口等处沿边，使整件衣服有层次感和动感。男人穿长袍时系腰带。腰带称为"博斯"，最早的腰带用皮子制作，后来的腰带用棉布或绸缎缝制，用色有别于衣服的颜色，腰带上系着小刀、烟荷包等物件。宽松的袍子，系上腰带后使人显得很利落精神。女人较早就穿布袍了，款式与男袍基本相同，但略瘦，合体；颜色多为红、绿、蓝等鲜艳颜色；冬天穿棉袍，夏天穿单袍；袍长及脚踝，不系腰带；在衣领、衣襟、袖口等处镶有彩色的布边，布边上刺绣着鲜花、蝴蝶等图案。

达斡尔族男人也在长袍外穿马甲，马甲是用鹿皮或犴皮制作的，皮质坚韧，在征战时作为护甲，"箭矛不能透"。女人在长袍外套坎肩，坎肩有长短之分，在衣边镶边、绣花。①

套裤有皮套裤和布套裤之分，是穿在裤子外面的两条裤腿。套裤在满族、赫哲等民族服饰中皆可见到。裤腿的上端有带子，可以系在腰上。套裤便于拆洗，在劳动时既能起到保暖的作用又可保护里面的裤子不被弄脏或磨损，它是人们在劳动过程中的发明创造。达斡尔族人在劳动时都穿套裤。

过去，达斡尔族的男人和儿童戴狍脑帽，清人西清在《黑龙江外纪》卷6中记载："索伦、达呼（斡）尔以狍头为帽，双耳挺然，如人生角，又反披狍服，黄氄蒙茸，少见多怪者，鲜不望望然去之，然亦穷苦者装饰如此。"狍脑帽即西清描绘的帽子，是用狍子头皮做的。它由妇女缝制，原料是一只完整的狍子头皮，包括有眼睛、鼻子、耳朵、角等。先将其鞣制，然后略加裁剪，缝成半圆形状，两眼在前，双耳挺立。也用玻璃珠或黑布做眼睛；用皮子或布做成耳朵的形状，再缝在上面。帽檐有镶一圈皮毛的，这样更暖和；也有用皮子或布做成帽檐的。这种帽子在狩猎时既保暖又具有很好的伪装性。此外，达斡尔族还戴大耳帽，在20世纪六七十年代，东北的男人还常戴这种帽子，它防寒保暖性能好。随着社会的发展，达斡尔族和其他民族交往增加，慢慢地也开始戴毡帽。女人在劳动时常用白手巾包头，中老年妇女头戴彩色包头圈，称为"满格勒奇"，布带宽数厘米，从额前围向脑后，上面绣花并镶嵌珠子、玛瑙、翡翠、玉石等饰物。

手套，达斡尔语称之为"博力"，用狍皮缝制，皮朝外，毛朝里。手套有两种，一种是单指手套，所谓单指，即单分出大拇指为独立部分，其余四指合在一起，类似今天的手闷子。两只手套的开口处缝有带子，可以挂在脖子上，以免丢失。达斡尔族的女人们会在手套的手背部位刺绣，图案有云卷纹、团花等。这种手套是达斡尔族的传统手套，现存下来的每一副手套都是一件民族艺术品。另一种是五指手套，即每根手指是分开的，这种手套出现的较晚，与汉族的五指手套相同，也是用狍皮制作的。它的好处是灵活，适合各种生产劳动，所以很受达斡尔人的喜爱。五指手套的背面也有刺绣，有花草纹、太阳纹、云卷纹等，在手套口部位多加一层布或者用皮毛镶边，使手套更加保暖美观。

除了手套之外，达斡尔人还有一种袖套，用羊皮、狍皮等缝制，上面是

---

① 毅松：《达斡尔族》，64～65页，沈阳，辽宁民族出版社，2014。

平口，下面（即手指尖部）为斜口，形似马蹄，这应该来源于满族的马蹄袖。外出时，将其套在胳膊上，手放在里面暖暖的。

因为要在雪地里追逐猎物，为保暖，达斡尔人喜欢穿靴子。比较讲究的靴子叫"塔特玛勒"，用十余张狍腿皮做靴面和靴帮，用狍脖皮做靴底。在缝制靴帮和靴面时，将皮子按毛的纹路及色泽进行搭配，使其更美观，靴靿高至小腿。这种靴子有着诸多的优点，柔软、轻便、暖和、防滑、美观，尤其是走起路来没有声音，行猎时靠近动物不容易被发现，非常适合狩猎。达斡尔人在走亲访友或参加重要聚会时都喜欢穿它；还有一种高筒皮靴，靴高过膝，用鹿腿皮、犴腿皮和野猪皮制成，结实耐磨，是男人们出猎时穿的。到了清代，达斡尔人也穿布靴，布靴称"郭绰日"，有冬靴和单靴两种。单靴用"袼褙"做靴底，用白布做靴帮，沿靴帮的边沿用蓝、黑色布缝上云卷状图案，既起到装饰作用，又使靴子结实耐磨。冬季布靴用牛的脊皮做底，靴帮也比较厚，穿起来轻便、舒适、暖和。老人和妇女多穿布鞋，布鞋的底是用袼褙纳成的（纳鞋底是件很辛苦的事儿），鞋面多为黑色和蓝色，女鞋多在鞋帮上绣花。[①]

达斡尔人穿袜子，有皮袜子和布袜子两种。皮袜子用羊皮或狍皮缝制，毛朝里，皮朝外，袜腰高过脚踝。布袜又分单袜和棉袜，单袜用两层白布缝制；棉袜是絮了棉花的布袜。人们也在靴子里絮些乌拉草。民谣说：东北有三宝，人参、貂皮、乌拉草。

服饰皆由妇女制作，她们掌握鞣制皮革的技术，勤劳能干，靠一双灵巧的手飞针走线，缝制出一家老小的各种服饰。一件件服饰倾注了她们的心血，更体现了他们对美好生活的热爱和追求。

四、服饰造型及图案艺术

服饰是一种形象直观的物质文化，具有丰富的社会与文化内涵。一个民族的服饰饱含着这个民族丰富的文化底蕴，反映着该民族在不同历史时期的生产和生活方式，是该民族物质和精神文化的综合反映。达斡尔族服饰的造型及图案艺术充分地反映了该民族的历史文化。

达斡尔服饰的整体造型是宽大、厚重，这与其用动物皮毛制作服饰密切

---

① 毅松：《达斡尔族》，67～68页，沈阳，辽宁民族出版社，2014。

相关。男子皮袍长过膝盖，前、后、左、右四处开衩，腰间扎腰带，腰带上挂着小刀、火镰和烟荷包，头戴狍头帽，脚蹬高腰皮靴，这种造型完全是为了适应山林中的狩猎生活。生产方式决定生活方式，反之，生活方式直接反映生产方式，达斡尔人的服饰造型正是其狩猎生产的具体反映。

达斡尔族早期服饰的色彩基本上是原有材料的色彩——因为染色技术不足，但是他们在制作服装时，非常注意保持材料的纹理，在拼接皮子时，巧妙地根据纹理进行搭配，使一件本无色彩的服装通过纹理变得灵动起来，富有生气和美感。缝制衣服的妇女们还会在不同的部位，如袖口、领口和衣襟的边缘做些纹饰，使服装具有层次感。做纹饰的方法有镶边、补绣等。镶边所用的皮子染成不同于衣服的颜色，边饰和衣服的颜色形成对比。补绣的图案题材十分丰富，主要有以下内容：一是对称、辐射性的各种几何图形，其中以云卷纹为主，形状似翻卷的云朵，线条简单却极具形象感；二是自然植物纹，如莲花、水草；三是动物纹样，这一类比较多，如蝴蝶、龙凤、麒麟、仙鹤、鹿、雁、鱼虫等；四是吉祥如意纹，这和达斡尔族的宗教信仰有关，如佛教的法螺、宝伞、白盖、莲花、宝瓶、金鱼、盘肠的图案，在达斡尔族的头饰、荷包、手套、靴袜及袍服、马褂、套裤上皆有发现。服饰上的纹饰反映出了达斡尔族的宗教信仰。在历史上，达斡尔人信仰萨满教，服饰上的植物与动物纹饰是其对自然崇拜的反映，而佛教八宝图案在服饰上的使用，则表明达斡尔族接受了佛教。

第二节　鄂温克族服饰

鄂温克族是跨越中国、俄罗斯居住的跨界民族。我国境内的鄂温克族主要分布在内蒙古自治区呼伦贝尔盟的鄂温克自治旗和黑龙江省的讷河市。另外，鄂温克族在蒙古国也有少量分布。根据2010年第六次全国人口普查，鄂温克族人口数是30875人。鄂温克人有自己的语言而没有文字，在清代，他们曾经使用满文。在历史上，鄂温克族同达斡尔族一样，服装以皮制为主，用狍皮、羊皮、鹿皮等制作服饰是他们的传统。

一、大山林中的鄂温克人

"鄂温克"的意思是"住在大山中的人们"，还有另一种说法是"下山的人们"，或"住在南山坡的人们"。在元代，鄂温克人被称为"林木中兀良哈"；明朝人称之为"北山野人""女真野人"。这些都说明鄂温克族有着和山林密切相关的古老历史。在敖鲁古雅鄂温克族人中流传着一则关于猎人和狐狸结合繁衍后代的故事《狐狸姑娘》。

> 很久以前，有一条大河，河边有座房子，住着一个年轻的猎人。一天，猎人见到一只狐狸趴在门旁，他觉得很奇怪。从此以后，他每天打猎回来都见到屋子里被收拾得很干净，热乎乎的饭菜也做好了。一天，猎人早早地从外面回来了，推开家门，见到狐狸变成了漂亮的姑娘，于是他们便结婚了。狐狸姑娘生了十个儿子，各有所长，有的会种地，有的会识字算数，有的会木匠活。后来，十个兄弟分散了，其中木匠便成了鄂温克人的祖先，种地的成了汉人的祖先。①

这个故事也说明了在历史上鄂温克族和山林的密切关系。鄂温克族的先世在外兴安岭以南到黑龙江上游之间的广大地域内，从事狩猎业，食兽肉、衣兽皮、住桦皮屋、饲养驯鹿，过着原始的狩猎和网鱼生活。

明末清初，鄂温克人中的一部分居住在石勒河至精奇里江一带。在清太宗时期，该地区的部落酋长前往盛京，贡献貂皮等方物。清初，鄂温克人被称为"索伦""通古斯""雅库特"。

清康熙年间，清朝将鄂温克族中的一部分编入满洲八旗，驻防在黑龙江将军辖区内的各驻防城镇。其余的鄂温克人和达斡尔人等一起被编入布特哈八旗，承担着向清廷贡貂的任务。

鄂温克人世代生活在山林中，他们喜欢呼吸山林中的空气，与驯鹿为伴，过着无拘无束的生活。现在，在大兴安岭中，还有一支二百余人的鄂温克族使鹿部，部落的女酋长已有90岁的高龄，名叫玛利亚·索。

二、服饰发展演变

服饰是人类的发明创造，服饰最基本的功能是保护身体，御寒保暖。不

---

① 黄任远、那晓波：《鄂温克族》，17页，沈阳，辽宁民族出版社，2014。

图8-2　鄂温克族女装

同地域的人们，因环境的不同以及生产方式的不同，所发明制作的服饰也不同；随着不同地域人们的交往，文化的交流，服饰也在不断地发生变化。同样，在历史的长河中，鄂温克族的服饰随着时代的变迁和环境的变化而发生着演变。

服饰材料是制作服饰的基础，它决定着服饰的特点。在古代，鄂温克族服饰材料主要是动物的皮毛，包括貂、狐、狍子、鹿、羊、熊、虎、野猪等的皮毛。这主要是由鄂温克族的生活环境和生产方式决定的。鄂温克人赖以生存的地域有白雪皑皑的崇山峻岭，一望无际的原始森林和大草原，有奔流不息的江河，气候寒冷，冬季漫长。鄂温克人为适应周围的生活环境和生存方式，就地取材，利用狩猎所获得的动物皮毛制作服饰，冬季使用皮厚绒毛密实的皮料，夏季用刮掉毛的皮板做衣料。帽子、衣服、靴子、手套等无一不用野兽的毛皮制作，就连缝制衣服的线也是用鹿、犴等动物的筋制作的，其服装"表里皆毛，远地望之，有如熊罴"[1]。为了适应山间的狩猎生活，他们的皮袍子宽大，前后开衩，腰间系带，靴鞡高至膝盖。由于没有印染技术，他们的服饰色彩也保留着动物皮毛的本色，有的用烟熏成黄色。由于狍子容易捕获，以及狍皮的保暖耐磨等特性，鄂温克人大量使用狍皮制作服饰，这也成为该民族早期服饰的显著特点。

在17世纪三四十年代，鄂温克族的部落首领多到盛京贡献方物，在清太

---

[1]　黑龙江省档案馆、黑龙江省民族研究所：《黑龙江少数民族档案史料选编》，472页，1985年内部发行。

宗回赏的物品中不乏衣服、布帛。自17世纪后期起，部分鄂温克人被编入布特哈八旗，向清廷贡貂，同时，清廷也给予赏赐，赏赐的主要物品是衣物、布匹。但当时，由于布帛稀少，故而很珍贵，所以"男女服饰之用布帛者，殆为官吏一类人物"[1]，而一般百姓仍然穿皮衣。

清末，随着内地与边疆贸易的发展，布帛绸缎进入鄂温克族居住地区的数量越来越多，尤其是中东铁路开通后，在市场上棉布已不是罕见之物。同时，农业已经成为部分鄂温克人的主要产业，人们以定居生活为主，开始用棉布缝制服饰，出现了棉布长袍、棉布鞋靴、棉手套等。渐渐地，穿皮毛服饰的越来越少了。

现在，在黑龙江省讷河市有个兴旺鄂温克族乡，那里的鄂温克族从事农业、畜牧业生产，他们的日常生活装束和汉族已经没有区别，男人夏季穿衬衫、裤子、布鞋，女人穿裙子；冬天穿羽绒服和棉鞋。只有在传统节日或者重大活动时，才穿上民族服装。

服饰的变迁是社会发展和民族融合的历史必然。

三、传统服饰种类及制作技艺

皮袍：多用狍皮缝制，样式较为肥大，立领斜襟，右衽，袍长至膝盖以下，前后开衩，便于骑马，腰间系腰带，腰带将长袍分为上下两部分，上部分衣服里可以存放一些小东西，腰带上可挂烟具、刀等物品。女袍式样和男袍基本相同，但袍的下摆没有开衩。在皮袍的领窝、袖口、下摆等处镶有花边，多为云卷纹饰。还有一种短皮袍，常作为礼服套在长袍外面，男女皆穿，款式基本一样，只是装饰的花边不同，女款纹饰比较复杂，花边刺绣更精美。其纹饰有鹿角纹、水波纹、云卷纹、花草纹等，纹饰贴着衣边镶嵌，美观大方，又有坚固衣边的作用。除了狍皮之外，人们也常用羊皮缝制袍服。到了近代，随着棉布绸缎的增多，有人开始用布或绸缎做面，皮毛做里，这样制作出的袍服华丽美观。

皮裤：冬天的皮裤是带毛的，毛朝里；夏天穿皮板皮裤。皮裤的裤腰肥大，系裤带时先要把裤腰折起来。在外出狩猎或劳动时也穿皮套裤。

鞋靴：冬季的皮靴是用狍腿皮做靴鞡，狍脖皮做底而制成的，毛朝里。

---

[1] 黑龙江省档案馆、黑龙江省民族研究所：《黑龙江少数民族档案史料选编》，472页，1985年内部发行。

它柔软轻便，走起路来无声，便于行猎。后期人们也用牛皮做靴底，结实耐磨。夏季的皮靴用皮板缝制。近代以来，鄂温克族男女在夏季穿布鞋。男人的布鞋用黑布或绸缎做面，白布做里。女人的布鞋是绣花鞋，用各色彩线绣出花鸟鱼虫的图案。男女布鞋的底都是用袼褙纳成的。

帽子：鄂温克人和达斡尔人一样，用狍头皮做帽子，狩猎时可以伪装成狍子，给真正的狍子造成错觉。早年，鄂温克人在夏天喜欢戴桦皮帽，用桦树皮制作，它形状如斗笠，可遮光，可避雨。"帽檐上镶有各种云纹、花纹和波浪纹，还刻有鹿、狍子的形象，十分美观，常是姑娘送给心上人的礼物。"[①]鄂温克族妇女擅长用桦树皮制作各种生活用品，如餐具、容器、桦树皮鞋等。她们还在这些器物上雕刻或绘画图案，独具民族风情。

皮手套：有两种，一种是大拇指和其他手指分开的两叉手套，另一种是五指全分开的五叉手套。手套一般用狍皮或者羊皮制作，在手背处和手腕处绣有美丽的花纹图案。

小孩儿穿的冬装都是妈妈精心缝制的，用熟好的猞猁皮、灰鼠皮、狍崽皮等拼接，不同的皮子颜色不同，妈妈们正是利用这些不同的颜色，使一件厚重的毛皮服装看起来灵动活泼，富有生气。

近代以来，鄂温克人普遍穿棉布服饰，有衬衫、坎肩、长袍等。布长袍式样同皮长袍，有棉、单之分，款式肥大，长及脚踝。

鄂温克族妇女佩戴首饰，有耳坠子、耳环、戒指、手镯等。

鄂温克族服饰造型简练，线条流畅，色彩自然，给人以质朴浑厚的美感，充分体现了人与自然的和谐。服饰上的纹饰图案皆代表着吉祥与美好，反映出人们对美好生活的向往和追求。

第三节　达斡尔族与鄂温克族服饰传承与保护

民族服饰是民族文化的重要组成部分，折射出一个民族政治、经济、宗

---

① 黄任远、那晓波：《鄂温克族》，50页，沈阳，辽宁民族出版社，2014。

教、心理等多方面的内涵，记录着一个民族的历史。达斡尔族与鄂温克族没有自己的文字，而服饰正是鄂温克族没有文字的历史文献，是了解和认识这个民族的重要的史料。所以，保护和传承其服饰的制作技艺，保留下来这种服饰，是对民族历史的尊重，是研究民族历史与文化的重要依据之一。

达斡尔和鄂温克同其他民族一样，其服饰具有特殊的艺术性——首先表现在它的结构上。其结构有二：一是以能够表现人体主要特征的"有结构形式"，二是在结构设计上要求不突出人体形态的"无结构形式"。这两种结构形式的结合打破了自然限定的服装形式，从而形成了以民族要素为主要特征的服饰艺术。

过去，达斡尔族和鄂温克族没有专业的裁缝，女孩子自幼都跟随母亲学习皮革的鞣制技艺，学习缝制衣服和刺绣、绘画等技能，为家人制作服饰是她们的职责。她们心灵手巧，运用学到的技艺和自己对美的认识与感悟制作出一件件长袍、帽子、靴子、手套等，每一件服饰都是一件艺术品。

随着社会的发展，人们放弃了传统服饰的制作技艺，尤其是传统的熟皮子是一件非常复杂而繁重的劳动。因为各种布料进入人们的生活，女人们不再鞣制皮子，而改用布料缝制衣服。近几十年来，服装的工业化生产冲击了手工生产，许多年轻女性已不会裁剪制作服饰，只有极少数老人还能制作传统服饰。传统的服饰制作技艺面临濒危的境地。

所幸，近些年来，随着国家对民族传统文化的重视，各民族对保护和传承自己的物质与非物质文化遗产的认识有了极大的提高。有越来越多的年轻人加入到学习民族传统服饰制作技艺的队伍中。相信有各级政府的支持，有达斡尔族和鄂温克族人民的努力，保护和传承民族服饰文化会有一个良性的发展。

第九章

东北民间萨满服饰艺术

　　萨满服饰是指在萨满教活动中神职人员所穿的服装和佩戴的饰品。萨满教曾经流行于处在狩猎采集阶段的民族之中。现在，在我国境内的东北及西北少数民族聚居地区，仍可寻见萨满教的踪迹，还可见到萨满服饰的遗存。因地域不同、民族不同，萨满服饰千姿百态，在其象征理念的艺术造型之中，蕴含着原始古朴、粗犷的美和神秘，无论是艺术价值、学术价值、民俗价值还是文化价值，都极为珍贵。

第一节　萨满教与萨满文化

　　在世界人类文化史上，萨满是颇享盛誉而又令人敬畏崇仰的称谓，是从遥远的荒古走来的神。萨满教是以萨满活动为中心的宗教信仰行为，这种宗教信仰产生于原始母系氏族社会时期，主要证据是大量女萨满的存在。萨满教传布的初始地域主要在东北亚亚寒带、寒带的广漠地域，是北方人先世开拓寒土、征服大自然的第一朵精神花蕾。

　　远古时期，人类生产力低下，认知能力不足，将各种自然现象及人的生老病死等归结为神灵使然，认为万物皆有灵，对神灵敬仰并加以崇拜，便形成了最初的宗教观念。原始先世对世间万物的崇拜归纳起来可以分为以下三种。

　　一是自然崇拜，即把自然物和自然力视作具有生命、意志和伟大能力的对象加以崇拜。这是最原始的宗教形式，出现于新石器时代。虽然那时的人类已经学会磨制石器，但其采集与狩猎活动仍然最大限度地依赖自然界。大自然千姿百态，变化无穷，冬日里大雪纷飞，寒风凛冽，夏日里艳阳高照，百花盛开，天空时而晴空万里，时而乌云翻滚。这种超人的力量震撼着原始先民的心灵，在他们眼中，强大的自然物和自然现象都具有至高无上的灵性，这种灵性往往能主宰人的命运，改变人的生活。在对自然界既要依赖又不能征服和认知的时候，往往选择把它当作有生命力的神灵加以顶礼膜拜，并希望得到神灵的赐福和庇护。

自然崇拜的对象非常广泛，包括天、地、日、月、星、山、海、河、火、风、雨、雷、彩虹等天体万物及自然变化的现象。人们所处的环境不同，崇拜的自然物也不尽相同，如沿海居民多崇拜海神；居于林木山间者多崇拜山神和树神。反映出人们祈求风调雨顺、人畜平安、丰产富足的实际需要。

二是图腾崇拜，即将某种动物或植物视为与本氏族有亲缘或其他特殊关系，对其加以崇拜。图腾一词来自印第安语"totem"，意为"它的亲属""它的标记"，是记载神的灵魂的载体，也是氏族的徽号、标志和保护神。图腾一般以动物居多，如龙、熊、狼、狗、蛇、鹰、天鹅等。中国古籍中虽然没有图腾这个词，但关于图腾及图腾崇拜的记载却大量存在，《史记·殷本纪》载："殷契，母曰简狄，有娀氏之女，为帝喾次妃。三人行浴，见玄鸟堕其卵，简狄取吞之，因孕，生契。"契即商族人的祖先，于是玄鸟便成了古老的商族人的图腾。郭沫若先生在《关于晚周帛画的考察》中说"凤是玄鸟，是殷民族的图腾"，"龙是夏民族的图腾"。《礼记·礼运》中的"四灵"，即麟、凤、龟、龙，都曾经是中国古代的图腾，是中国先世的崇拜之物。

三是祖先崇拜，是基于认为祖先的灵魂不灭，会影响到现世的一种信仰。祖先崇拜和其他神灵崇拜不太一样，表达的更多的是血缘亲情。在中国历史上，祖先崇拜成为各族人民生活中的一种强烈信仰，也是宗族团结的精神力量和支柱。祖先崇拜的对象主要是有功绩的远祖和血缘关系密切的近几代祖先。

远古人类在畏惧自然的同时又想避免和战胜自然带来的灾害，想探知自然的奥秘，获得天地间万物灵魂的庇佑，寻求人和自然和谐相处、

图9-1　龙图腾

共生共存的途径，于是，作为人与神之间的中介者——萨满出现了。人们认为，萨满可以将人的祈求和愿望转达给神，也可以将神的意志传达给人。

"萨满"一词，史学界通常认为是通古斯语，或者是鄂温克语。其含义是"不安分之人""智者"等。早期的萨满多由氏族酋长或狩猎的组织者担任，所从事的萨满活动多与狩猎生产密切相关，后来逐渐发展到有专门从事萨满事务的职业者。萨满在人与神之间进行"沟通"的方式是跳神，跳神时萨满"脱魂显灵"，模仿各类神的形貌和动作，时而亢奋、狰狞，时而沉静、腼腆，处于一种非正常状态，表现得激动、不安甚至疯狂。

由萨满教而产生的萨满文化丰富厚重，它是原始狩猎时代人与自然构成的一种文化形态，也是原生态民俗文化的行为艺术的集中体现，是中国北方古代诸民族文化的聚合体，对这些民族文化的形成和发展起到了重要作用。

我国古代北方的肃慎、勿吉、靺鞨、女真、契丹等原始部族，皆信仰萨满教。

近代的满族、蒙古族、赫哲族、鄂温克族、达斡尔族等依旧信奉萨满教或保留着萨满教的某些遗俗。传承至今的祭礼形态及神话传说资料，囊括了北方初民的信仰、哲学、历史、婚姻、丧葬、道德、文学、艺术等文化形式、观念与成就。萨满文化是北方诸民族古文化的重要载体，是蕴藏着人类童年时代文化奥秘的"活化石"。

萨满神服是萨满文化的外在表现形式，是萨满文化的重要标志。它是萨满进行神事活动时所穿戴的服装，是萨满"通往"神界，与神"沟通"的神

图9-2　萨满跳神图

秘装备。

萨满在数千年来所创造与使用的各种思维意念基本上都表现在神威赫赫的神服上。神服是萨满神职人员化形为神圣的神祇代表的象征，具有不可亵渎的威严和地位，是至上的神品。唯有萨满才可以穿戴、移动、存藏和解释，其他人绝不可以染指。

萨满神服的式样及构成因所处环境与生活习惯不同而形制不一，服装上的缀饰纷繁复杂，五花八门，各具寓意。但归纳起来，大体上可分为两大类。

一是接近北极地区寒带住地的各民族的萨满，其神服为皮质长袍式，装束更为粗犷原始。全衣披缀着各种铃饰、刀饰、铁板、细链、铁环等响器。下身多为条裙式，条裙造型精美，皆为剪成的长皮条和鬃毛编成的长带，有的神服上的条饰竟多达百根以上。双袖肘下镶有彩穗子和长皮条十数根，皮条染成各种颜色，舞动时皮条上下翻飞，犹如雄鹰翱翔的双翼，浑然壮观。

二是近于温带、亚寒带地区，萨满多穿长衫式神服，在长衫外面，上系披肩，下系神裙。神服或用皮料或用布帛缝制而成。因所祭神祇的习性不同，服饰也有所变化，如海祭、山祭、星祭、天祭的神服各不相同；同时，因在祭祀某些动物神祇时，萨满"神灵附体"，要纵情模仿各种神祇的飞腾、潜游、扑滚、爬行等动作，神服亦相应改换，若有特技行为时，换穿短式衣裙神服。

近些年，在我国北方发现的萨满神服和调查实物资料中，具有代表性的

图9-3　萨满神服

有使鹿部鄂温克族、鄂伦春族、达斡尔族、蒙古族、赫哲族、满族等。

第二节 使鹿部鄂温克人萨满服饰文化

现在，我国大兴安岭密林深处，生活着一支神秘的鄂温克族的使鹿部落，被称为"敖鲁古雅鄂温克人"。"敖鲁古雅"为鄂温克语，意为"杨树林茂盛的地方"。

敖鲁古雅鄂温克是鄂温克族的一个分支，以狩猎和驯鹿为生。20世纪五十年代以前，他们仍然保持着原始社会末期的生产、生活方式，吃兽肉、衣兽皮，住着"撮罗子"（用桦树皮制成的尖顶型简易房屋），以驯养驯鹿为生。1965年，35户鄂温克猎民从中俄边境额尔古纳河畔的奇乾乡搬迁到根河市西郊的敖鲁古雅河畔，当地政府成立了敖鲁古雅鄂温克乡，建起62套现代化的民房。虽然有了定居点，但驯鹿只能在森林里，所以除了在定居点的部分人之外，密林中还散布着数个驯鹿站，生活着习惯于打猎和驯鹿的猎民们。

如今的鄂温克猎民们虽然生活条件发生了很大变化，但淳朴的民俗民风却始终保留着。

鄂温克人绝大部分信仰萨满教，使鹿部鄂温克人保留下来的萨满神服很有代表性，具有原始萨满教的古朴特征。萨满教中所表现的原始渔猎民族图腾观念、原始宇宙观和多神崇拜意识等，在神服中皆有充分显示，是研究我国北方萨满教的珍贵实物资料。

图9-4 撮罗子

一、体现鹿图腾崇拜意识的萨满神服

北方诸民族萨满神服造型，大体与三种动物图腾崇拜有关，它们是鹿、

图9-5 使鹿部鄂温克族
萨满服饰

熊、鹰。使鹿部鄂温克人的萨满神服造型最具典型的鹿图腾崇拜特征。神服用鹿皮缝制,神服上披挂着鹿的各部位骨骼,已经具备了完整的鹿的形体形象,是最为典型的鹿图腾意识在萨满服饰上的反映。

萨满神服的整体造型由头冠、短衫、神裙三部分组成。

头冠上装饰有铁制的一对鹿角。鄂温克族是我国唯一饲养驯鹿的民族,驯鹿又名角鹿,雌雄皆有角,角成树杈状,分枝繁杂,有的长角超过30叉,这是驯鹿外观上的重要特征。这种特征在萨满头冠上活灵活现地体现了出来。

短衫用鹿皮制作,紧袖对襟。短衫上挂满鹿的各个部位及骨骼造型:双袖上方各饰有用铁条制成的鹿骨骼及关节造型,袖头下方装饰着一簇鹿皮穗。前胸上饰有长方形红色皮质的兜兜,兜兜正中挂一个圆形铁片,铁片中心部分向外凸起表示鹿的肚脐。左右腋下部位各饰有12条铁条,铁条略呈弧形横置纵向排列,是鹿的肋骨造型。在后背正中挂一串九节柳叶形铁链条,表示鹿的脊骨。肩胛部位各有一片厚铁片,铁片上有鹿角形的饰物,是鹿的大脑或神灵所在之处。

神裙由裙腰和裙身两部分组成。裙腰宽约12厘米,上面装饰有红、蓝、黄、绿等颜色的布条。裙身用鹿皮条、布条等缝制而成,在裙子左右两侧各挂两条两节的铁链,表示鹿的后腿。两条铁链之间挂一条两节相连的麻花形铁链,表示后腿的血脉。

如上所描述,萨满神服的头冠、短衫及裙子,皆用鹿皮缝制,在上面铸造了象征鹿的角、肋骨、肚脐、脊椎骨、臂骨、大腿骨及血管等造型,是一个完整的鹿的形体形象,是典型的鹿图腾意识在萨满服饰上的体现。

二、种类繁多的神服饰品

在萨满神服上,排布着形状各异、琳琅满目的饰物,尽管种类很多,但将其归纳起来,大体可分为两大类。

一是自然物，反映了自然崇拜意识，包括日、月、星辰及雷、电、彩虹等。这一类的饰物系挂在萨满神服的背后。太阳造型是直径为12厘米的圆形铁片，沿边打孔，用皮条系挂在衣服上。太阳两边挂着小型圆铜片，为北斗七星。月亮造型为弯刀形。启明星是五角形的铜片。

图9-6　萨满神服上的日、月、星、辰等饰物

二是各种动物造型，有熊、狼、蛇、仙鹤、野鸭、鱼等。其中，鱼和鸟类造型比较多。

熊是萨满神服上重要的动物造型。传说在远古时期的某一天，有位猎人在山中打猎，突然被一只母熊抓住。母熊把猎人带进山洞，强迫他和自己成婚。猎人被逼无奈，和母熊在山洞里生活了几年，生下一只小熊。后来猎人寻找机会逃出了山洞，母熊发现后带着小熊追赶，直追到江边，见猎人乘木排已经到了江的中央，母熊恼羞成怒，一下子把小熊撕成了两半，自己留下一半，把另一半抛给了猎人。自己留下的一半成了熊；抛给猎人的一半就是后来的鄂温克人。鄂温克猎民把熊作为图腾，甚至认为熊是祖先，他们是熊的远亲。

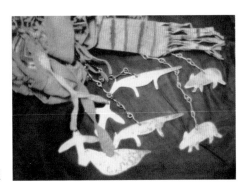

图9-7　萨满神服上的熊造型

仙鹤图腾崇拜在动物图腾中有着很高的地位，仙鹤被视为神的使者。仙鹤主要装饰于神衣前胸的兜兜上，左右各排列20对，仙鹤头向内。在每排仙鹤的上端，各有一只向上展翅飞翔的大仙鹤。除左右各20对仙鹤造型，没有过多修饰和刻画，而两只大仙鹤造型比较夸张，脖子长，动势大，双翅展开成一字形，翅膀有力，有一种向上飞翔的动势。在萨满服饰

图9-8 萨满神服上的仙鹤造型

上，仙鹤被认为是萨满与神灵沟通的使者。其实，仙鹤是候鸟，在现实生活中，仙鹤的迁徙对鄂温克人掌握季节变化有着重要的参照作用。

在一件神服上鱼的造型很多，多达数十个。大量的鱼造型与鄂温克人的生育有关，"鄂温克"汉意为"住在大山林中的人"，使鹿部鄂温克人生活在大兴安岭一带的崇山密林之中，以饲养驯鹿为生，生产和生活环境恶劣，孩子的出生率低，而死亡率却很高，导致人口发展缓慢。在萨满神服上加饰大量的鱼造型，是希望部落人丁兴旺，像鱼群一样能够繁衍壮大，所以，鱼造型在这里具有生育神的含义。鱼的造型呈柳叶状，长度为8~10厘米①。

萨满活动离不开萨满鼓。鼓是萨满进行神事活动的必备道具，是单面手抓鼓，无把，规格大小因地、因人而异，一般直径长55~65厘米。鼓面材质为鹿皮，上绘蓝、红、黄三圈纹饰，蓝色圈代表天，红色圈代表火神，黄色圈代表大地。鼓帮为木制，厚度约15厘米。在鼓帮内侧的周边上附有十余个铁片或铜钱，舞动抓鼓时叮当作响，与击打鼓面的声音融为一体。

使鹿部鄂温克人的萨满服饰从造型到配饰都非常丰富，充分反映了他们的自然崇拜和图腾崇拜意识。萨满服饰造型简单而精练，多为写实风格，只有少数部分为浪漫夸张的风格，展现了使鹿部鄂温克人的艺术才智。从社会学角度分析，使鹿部鄂温克人萨满服饰造型艺术，反映出他们在千百年来狩

① 鄂晓楠、鄂·苏日台：《使鹿部落民俗艺术》，海拉尔，内蒙古文化出版社，2011。

猎生产过程中形成的自然审美观和审美理念。

第三节 鄂伦春族萨满服饰文化

鄂伦春族是我国东北地区人口最少的少数民族之一，是狩猎民族，主要居住在大兴安岭山林地带，使用鄂伦春语，没有文字，信仰萨满教。鄂伦春族信奉的神灵相当多，崇拜的自然神有太阳神、月亮神、北斗星神、火神、天神、地神、风神、雷神、雨神、山神、青草神等。除自然崇拜之外，鄂伦春先世还崇拜"牛牛库（熊）""老玛斯（虎）"，忌讳直呼熊和虎名，而是称呼"宝日坎（神）""诺彦（官）""乌塔其（老爷）"。鄂伦春族对祖先的崇拜也十分盛行。鄂伦春族对自然、图腾及祖先崇拜在萨满服饰上都有表现。

一、传统萨满服饰

鄂伦春族萨满神服，一般用熟犴皮制作，称为"萨满刻"。"犴"为驼鹿的别称，是世界上形体最大和身形最高的鹿，被射杀后，剥下整张皮子即可做出一件成衣。驼鹿皮比较厚，熟好后柔软耐磨。在历史长河中，鄂伦春族萨满神服也经历了发展演变的过程，人们在神服上添加的配饰越来越多，式样也越来越华丽。

图9-9 萨满神服的前襟部分

图9-10 萨满神服的腰背挂饰

神服为无领对襟长袍，四个扣祥用犴皮制成，称为"恩可"，前开襟沿着红、蓝、黄三色花边。袖口可拆卸，类似满族箭衣的马蹄袖，袖口边绣有多样花边。从前胸到膝关节，用金、银各色花线绣有三个正方形图案，名曰"鹅宁突"，为云纹形。前胸钉十余个铜铃，萨满跳神时，铜铃相撞，发出清脆的叮咚声。在神服的衣袖和后背挂着大大小小的铜镜，代表着日、月、星辰，也用于驱逐妖魔。

神裙由十二条彩色飘带并排组合而成，十二个飘带代表十二个月，有红、蓝、黄、白等颜色，代表彩虹，上绣图腾纹样，有狼、蛇、龙、虎、蝎子等。神服的腰部绣有精美的图画，整个图画呈长方形，宽约20厘米，长约45厘米，在画幅中绣有两棵大松树，松树下系着祭祀用的牺牲动物（形似马鹿），还绣有两个萨满，萨满手持抓鼓，做击鼓施法状。画面的左下方绣着一只翘着尾巴的老虎，老虎应该是氏族部落的图腾[①]。

鄂伦春族萨满神帽与使鹿部鄂温克族萨满神帽相似，以铁片为骨架，帽上是多叉的铁鹿角，不同的是在鹿角之间矗立着一只明眸远眺的鹰。

鄂伦春族的萨满服饰和鄂温克族萨满服饰相比，有一定变化。在装饰品上，自然崇拜物和动物图腾崇拜物造型减少了，而各种花草纹饰增多。萨满服饰不仅是进行神事活动的装备，同时也是一件艺术品，它的制作和发展凝聚了鄂伦春人的智慧，体现了鄂伦春人的审美艺术。

二、萨满文化传承人关扣妮的萨满神服

在黑龙江省呼玛县白银纳乡有一位80多岁的老人，名叫关扣妮，1935年出生于鄂伦春族倭勒河部落的古拉依尔氏族，15岁时成为族里的萨满，是家族中第15位萨满。这位鄂伦春族少女穿上沉重的萨满服，通过祈祷神灵来帮助族人消灾解难。中华人民共和国成立后，鄂伦春人下山定居，人们有了病

---

① 鄂嫩哈拉·苏日台：《狩猎民族原始艺术》，67～68页，海拉尔，内蒙古文化出版社，1992。

会去医院求治。为了响应国家破除封建迷信的号召，关扣妮和其他几位萨满共同举行了"告别神坛"的祭奠仪式，然后把自己的萨满服送到了深山密林中。

如今，晚年的关扣妮又拿起神鼓，跳起了萨满舞。不过，她不再是为人"看病消灾"，而是为了鄂伦春族萨满文化的传承和保护。2007年，关扣妮被黑龙江省文化厅命名为鄂伦春族萨满舞与鄂伦春族吕日格仁舞的代表性传承人，同年获得中国文联和中国民间文艺家协会命名的"中国民间文化杰出传承人"荣誉称号。

关扣妮跳萨满舞，她穿的萨满服完全是自己手工制作的，原料是狎皮、狍皮、棉布、银子。神服为长袍式，上面缀满饰物和彩色飘带，一件萨满服加上头饰，重达90斤，需要经过数月才能制作完成。对于萨满服，关扣妮认为只有在重大拜祭时才能穿，若随便穿戴是对神灵的亵渎。

作为鄂伦春族民间文化的传承人，关扣妮毫无保留地讲述萨满传说、典故、神话，教授萨满舞蹈，传授兽皮与桦树皮手工制作工艺。关扣妮曾经在2008年举行过一场萨满传承仪式，让女儿接任萨满，希望将鄂伦春萨满文化传承下去。但不幸的是，一年后女儿在一场车祸中丧生。后继无人意味着鄂伦春萨满文化将濒于失传，萨满服饰的制作方法和工艺只能到书本中去搜寻了。

第四节　达斡尔族萨满服饰文化

达斡尔族主要信奉萨满教，在长期的历史发展过程中，达斡尔人虽然也受到过藏传佛教、天主教和道教的影响，但是外来的神祇均不足以影响萨满教的完整性和独立性，没有动摇传统的萨满教在达斡尔人精神文化生活中的原有地位。时至中华人民共和国成立，萨满教仍是居于不同地区的达斡尔人共同信仰的宗教。达斡尔人供奉的神灵数量很多，其中与农业相关的有土地神，与渔猎经济相关的有河神、山神和猎神。

达斡尔族的萨满服饰与他们的生产、生活有密切的关系。达斡尔人过去以渔猎为主，其萨满服饰也或多或少带有渔猎民族的特征。由于达斡尔人所居地域不同，所姓哈拉不同，萨满服饰也不尽相同。

一、传统萨满服饰

达斡尔萨满服饰包括神帽、神衣（坎肩、神袍和神裙）、神靴、面具和神鼓等。

1. 神帽

神帽从造型上分为三种。

一是狍头神帽，是将狍子头皮连同耳朵和双角剥下来后鞣制而成，狍子的眼睛部位用玻璃球镶嵌或用黑、白两色布仿生缝制而成。这种神帽的产生与原始狩猎有关，古时猎人行猎时常常把自己伪装成猎物的样子以接近猎物，所以，狍头神帽是原始狩猎时期的产物。

二是鸟型鹿角神帽，即在神帽上兼具鸟造型和鹿角，鸟位于鹿角之间。随着时代的发展，萨满神职人员逐渐采用铁或铜制作鹿角和鸟的造型。达斡尔人认为鹿角有灵性，在雄鹿争斗时使用鹿角博弈，萨满从中得到启发，他们把鹿角作为自己代表神灵和鬼魔相拼的利器。鸟造型象征着萨满所信的神灵。

三是莲瓣神帽，帽檐高翘，帽片为九片，每片都镶有小镜子，九片平面帽片围成三维立体。莲瓣神帽的造型显然是受藏传佛教影响的结果，神帽外形与唐玄奘的帽子很相像。

2. 神衣

神衣由坎肩、袍、裙组成。

坎肩都用黑布缝制，套在神袍外面，圆领对襟。齐齐哈尔地区的萨满坎肩前衣襟上密集地镶嵌着小贝壳，双肩上各立一只木制的小鸟，两肩处各垂下三条箭头形的镶边绣花穗子。坎肩的背面有大面积的刺绣图案。其他地区的萨满坎肩式样造型基本相似。

萨满坎肩上镶嵌的贝壳数量很多，有的多达360颗，排列形式多样，有点有线，又由点和线连成片。据说，如此设计可防刀剑，保护萨满不受伤，同时象征着萨满保护的氏族部落子孙。双肩上的小鸟是萨满与神"沟通"的使者，它可以把神灵的旨意悄悄"传达"给萨满。有的地区的人认为小鸟是布谷鸟。布谷鸟飞行急速无声，叫声洪亮略带凄凉。在芒种前后，布谷鸟几乎不分昼夜地啼叫"快快播谷！快快播谷！"似乎在提醒着人们播种的季节到了，这也是蕴含在萨满服饰上的农事历。

萨满袍一般用坚实柔韧的驼鹿皮制成，结构复杂。中式裁剪的紧身长袍外罩红色绸布，前门襟等距离钉有纽扣，象征着城门。神袍的前面系挂数面铜镜，两侧腋下分别悬垂着绫带。神袍的背部，在后腰处缝一块大黑绒布垫，上面绣有闪耀着光辉的太阳和月亮，有表示常青和吉祥的松树与仙鹤及花卉，并点缀着山水，还有一只仰望天空的鹿——它是萨满驮物品的驮畜。也有的后背系挂四小一大共五块铜镜。铜镜在萨满服饰中非常重要，起着保护生命的作用。前面的铜镜象征着坚固的城墙；后面的铜镜中，大铜镜即护背镜，象征着太阳神，四块小铜镜分别代表着朱雀、玄武、青龙、白虎四神。铜镜是萨满的护身符和照妖镜，它们的声音和发出的光可以驱魔辟邪，是萨满重要的神器之一。

　　萨满裙由裙腰和条裙组成。裙腰为长方形滚边绣花的布垫，裙腰下面是相互叠压飘带条裙，飘带的数量是24条，飘带底端为箭头形状。有的萨满裙是长短两层飘带。裙腰和飘带皆刺绣美丽的图案。达斡尔族的刺绣始于原始的狩猎时代，用袍子或鹿的筋撮合成线，至清代，随着天然纤维线的传入，刺绣工艺发展迅速，刺绣的针法有锁绣、平绣、补花绣、堆绣等。刺绣图案的题材多样，有动物、花卉等。24条飘带象征着农历的24个节气，表明达斡尔人已经进入农耕时代，但狩猎生活仍然占有重要地位。也有学者认为萨满裙的条状造型与蛇有关，飘带象征着蛇。传说在古时候有位达斡尔老猎人，路遇一青年，青年发现敖包的石缝里有许多蛇，老人对青年人说，敖包中的蛇是神，不能碰。青年人不听老人言，用石头砸死了蛇。不久，青年人染疾而死。这一传说表明达斡尔人把蛇视为神[①]。萨满在舞蹈时，裙带飞扬，给服饰增加了极强的动感。

　　达斡尔族萨满服饰色彩丰富，每一种色彩都有一定的寓意。

　　萨满帽鹿角上系的绫带最初为红、黄、蓝三色，分别代表地、人、天，以后逐渐演变成赤、橙、黄、绿、青、蓝、紫七色，象征着天上的

图9-11　达斡尔族萨满服饰

---

① 王瑞华、孙萌：《达斡尔族萨满服饰艺术研究》，10～13页，哈尔滨，黑龙江大学出版社，2012。

彩虹。当萨满"神灵附体"时，要踏上这条七彩路，通向天空。在萨满神服两侧腰部装饰有红、黄、蓝等色的绫带，红色象征着祭祀火神的祥和之火，表现出热烈、亢奋、喜庆、吉祥之感；黄色象征着祭祀大地之神，表现出高贵、明朗、厚重、自信之感；蓝色象征着祭祀天与河流之神，表现出永恒、沉静、简朴、清澈、无限之感。此外，在服饰中出现的绿色代表植物，反映了祭祀自然物的意识；金色代表光亮，象征着吉祥光明；白色代表洁白无瑕，象征着纯净、圣洁的心理①。

萨满服饰上的装饰色彩，并非单纯为了美观，而是体现了达斡尔族对大自然的崇拜意识，蕴含着众多对大自然崇拜的原生态象征，寓意深刻，耐人寻味。

二、萨满文化传承人斯琴掛的萨满神服

和古代的萨满服饰相比，近现代的达斡尔萨满神服做工精细，装饰华丽，总重量可达150斤左右。在呼伦贝尔地区，至今还可以看到丰富多彩的达斡尔萨满服饰文化遗存。

斯琴掛是一位端庄文雅、慈祥和善的达斡尔族女性，1950年生于内蒙古呼伦贝尔盟的巴彦托海镇。她的家族姓鄂嫩哈拉，是达斡尔族博斯胡浅穆昆（宗族）的萨满世家。斯琴掛是第7代萨满，也是达斡尔族著名的萨满文化传承人。她不仅在达斡尔民间享有很高的声誉，还多次被邀请参加国内外萨满教学术研讨会。

斯琴掛的萨满服饰比较完整，是根据曾祖父给她托梦的样子请人制作的。全套萨满服饰包括里裙、铜镜、神衣、腰带、披肩、神帽、头饰、神靴等，制作精良。

里裙用白色绸缎做成，偏襟旗袍款式。穿神服时首先要穿里裙。穿衣服的同时要边唱边挥动手臂做各种舞蹈动作，意在把神灵拢在身上，起到召唤作用。唱词主要是赞美神服的。神歌唱道："我的偏大襟永远附在我身上，肩袖永远裹在我的双臂上，后身永远贴在我的背上，裙子把我的歌声传向远方。"②

心形铜镜达斡尔语称"聂克日·托里"（护胸镜），挂在里裙外面，位置在前胸口处，目的是防止受到外力撞击受伤。铜镜用黄铜制成，形同人的心脏，直径 14 厘米，配上蓝色穗子和带子，蓝色代表蓝天，佩带长 80 厘米。

神衣是用熟软的驼鹿皮做成的长袍，对襟，土黄色，周边镶滚着翠绿色缎带。神衣的前面领口用红、黄、

图 9-12　心形铜镜

绿三色彩带布镶嵌。从领口至下摆有 9 个盘扣，左边是作为扣子的 9 个小铜铃，右边是用翠绿色绸带打成的 9 个扣袢儿。肩部正中镶嵌两厘米宽绿色布条。袖筒及袍子左右下摆各佩绣花的黑大绒布。在袍子下摆的每条绒布上钉10 个铜铃，共计 60 个。袖口为满族的箭袖，卷起时呈马蹄形，黑色绒布底，上绣蓝色云彩与黄色月亮，月亮下面是凤凰。袖口内侧缀有 1 个大铜铃和 8 个小铜铃。前身胸部叠挂 6 个大铜镜，大铜镜下面有 6 排小铜镜，每排 10个，共计 60 个，排列均匀整齐。袍子两侧胯部，各垂 9 个细皮条，长约 90厘米，皮条上缠着红、蓝、粉三色彩线，名曰"阿萨朗"。在这些皮条的结合处，系有铜制的大圆环，名曰"布扎带"（神灵器具）。在神衣的后背部分割成两个部分，腰以下叫作"哈勒库"，即条裙，由裙腰和上下两层飘带组成。裙腰长 62 厘米，宽 20 厘米，黑绒布底，黄缎带滚边，绒布面上绣山、水、日、月、松树、榆树和一对梅花鹿。飘带分上下两层，各12 条。下层飘带长 57 厘米，宽 6 厘米，上绣桂花和 12 属相，底穗为深浅不一的 12 色彩线。上层飘带长 20 厘米，宽 6 厘米，上绣荷花。腰以上后背处再分为上下两个区域，上面的肩背处绣有民族特色的图案；下面腰背处叠挂 5 面铜镜，其中略小的 4 个铜镜直径为 16 厘米，1 个特大铜镜称"阿克日·托里"（护背镜），直径为 30 厘米，大铜镜叠加在 4 个小铜镜之上。

腰带用 9 尺长的红布缝制而成，系在神衣外面。

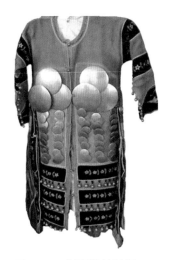

图 9-13　斯琴掛的神服

图9-14　萨满神服披肩上的布制神鸟

披肩套在长袍外面，名曰"扎哈日特"（神坎肩），用黑色大绒布做成，周边镶嵌花边。披肩前身分为两片，没有扣子，以布带代之。共计360个白色贝壳，整齐排列在前襟上，代表着一年的天数；披肩后身绣有一组图案，左为龙，右为凤，龙凤之间是火球，火球下面是神鸟（太阳鸟）。披肩的左右肩部各落一只布制的神鸟，左雄右雌，名曰"博如·绰库日"（传递信息的鸟），它们是萨满与神灵之间的信使。

神靴非常具有民族特色。靴底与靴身用牛的头皮做成，靴腰是白色羊毛毡，上面用黑色羊羔皮做成云朵和花儿，下面是五彩底衬，靴口为马蹄形，上有花边，花边上镶有虎头云朵，两边镶红色牙边。

穿神衣、系腰带、套披肩有很多讲究，要边穿边唱边舞。神服上的9个扣袢，穿衣时要从下往上系，意为把神灵从下面请上来；脱下时要从上往下解开，意为把神灵从上面送下去，决不能弄反[1]。

斯琴掛的萨满服饰造型及制作工艺中，充分显示了达斡尔人古老的民俗信仰文化。神服色彩的搭配，不仅是为了美观，而且具有一定的象征意义。

图9-15　神帽上的鹿角

如蓝色寓意天空永远澄清，代表祭祀天神时的心理；绿色为植物，代表祭祀自然物时的意识；红色表示喜事、吉祥和火，代表祭祀火神的意识；等等。

在萨满神服上绣有山、水、日、月、松树、榆树与梅花鹿，缀挂铜镜（太阳镜），这些无不与他们的生产和生活密切相关。达斡尔是个狩猎民族，他们的狩猎神多半为日、月、星、辰，这是因为野生动物觅食的时间不同，只有掌握了夜里的不同时辰才能取得狩猎成

[1]　吕萍、邱时遇：《达斡尔族萨满文化传承》，沈阳，辽宁民族出版社，2009。

功。神衣上刺绣的梅花鹿，代表了达斡尔人的鹿图腾文化。在古老的时代，鹿及鹿科动物对于狩猎民族或部落而言是主要的生活资源。鹿肉是他们的食物，鹿皮可以做衣服、搭帐篷。由于原始社会生产力低下，只有采取群体围猎的形式才能获得狩猎成功。为猎取鹿科大型动物，人们往往把自己装扮成鹿的模样，身上蒙鹿皮，头上戴鹿角，嘴里发出鹿的鸣叫。而捕猎的成功使人们错误地认为是鹿皮、鹿角发挥了魔力、灵性和神力，所以对鹿皮和鹿角加以崇拜，也使他们更坚定了意识中早已形成的任何一种动物都有主宰神灵的意识，因此，他们信仰"鹿神"，这就构成了以鹿仿照制作萨满服饰的主要因素。

达斡尔族萨满神服整体观之可谓琳琅满目。神服上的众多色彩和饰物再现了达斡尔人崇拜天地、山川、河流、森林、动物的意识。当萨满歌舞时，神服上的各种金属熠熠生辉，长短不一的飘带上下飞扬，加之震动心魄的鼓声和激扬的神曲，皆给萨满披上了神秘的色彩，使萨满祭神仪式更显神圣。

第五节　满族萨满服饰文化

鄂温克、达斡尔及赫哲等族，在千百年的历史进程中，所居环境、生产及生活方式没有发生翻天覆地的变化，故而其文化（包括萨满文化）被较大程度地保留下来。

满族人的原始宗教也是萨满教，但是在近数百年间，满族人的历史发展进程不同于以上诸民族。自元、明鼎革之际伊始，满族人便迈开了向南迁徙的步伐，直至1644年入关，成为清朝的统治民族。加之清统治者对萨满教的打击和规范，使传统的萨满教信仰及其活动发生了巨变，反映在萨满服饰上，最大的变化是由繁入简。

一、萨满服饰演变

满族萨满服饰在其历史进程中变化较大，这与社会历史变迁有着重大关系。自元、明鼎革之际开始，原居黑龙江、乌苏里江流域的女真人开始向南迁徙，在迁徙的过程中，各部落分化组合，形成建州女真、海西女真、黑龙江女真或野人女真三大部落。每部之中又存在着大小不同的诸部落。各部落互不统属，强凌弱，众暴寡。明末，建州女真努尔哈赤崛起，女真人再次被统一在后金政权之下。至清太宗皇太极时期，满洲进入辽东，汉族的农耕文化影响了他们的生活，佛教、道教、藏传佛教的传布，威胁到了原始落后的萨满教的存在。清崇德元年（1636），太宗对都察院的官员们说：“人民当中有自称是萨满的，画符读咒，谎骗人民，行邪术妖法，你们应立刻上闻。”[①]可见，太宗已经视萨满为“邪术妖法”了。太宗并非完全不相信萨满教，但出于政治、经济和文化的考虑，对萨满教进行了打压和限制。在这种形势下，萨满教出现了衰微。

随着萨满教的衰微，在萨满服饰上也发生了重要变化，由繁杂变为简单，由长袍变为短衫和神裙。乾隆时期，《钦定满洲祭神祭天典礼》编撰出版，对清宫萨满祭祀活动包括萨满服饰做了厘定。而在东北民间，萨满服饰没有固定样式，吉林与黑龙江不同，八旗汉军与八旗满洲亦不同。辽宁、吉林两省的萨满服饰相对简单，上身穿白汗衫配马甲，下身穿彩条布裙，腰系铜铃，无头饰，手拿“法鼓”。总的来说，东北民间满族萨满服饰淳朴素洁，端庄肃穆，与过去饰物繁杂的萨满服饰相距甚远。

二、《尼山萨满》中满族萨满服饰

《尼山萨满》是用满文记录的满族民间传说，讲述了罗洛屯老员外的儿子打猎身亡，尼山萨满以其高超的神力为他赴阴间寻魂，遭遇各种艰难险阻，一路闯关，终于夺回员外儿子的灵魂，使他起死回生的故事。其情节离奇曲折，荡人魂魄。《尼山萨满》不仅是一部传说，同时也是研究满族语言文学、历史、宗教和民俗的珍贵资料。自20世纪初被发现以来，已被翻译成汉文、俄文、德文、英文、日文、意大利文等，国外学者称《尼山萨满》为“满族史诗”。

在《尼山萨满》中绘有尼山萨满的图像，这为我们了解早期满族萨满服饰文化提供了直观立体的素材。从图像分析，尼山萨满穿的神服与北方其他民族萨满服饰差异不大，有神帽、披肩、铃配、铜镜、肩鸟、彩条等，可见

---

① 中国第一历史档案馆、中国社会科学院历史研究所：《满文老档》，1512页，北京，中华书局，1990。

满族萨满先世服饰也是袍式盛装神服。

在《尼山萨满》的各种版本中都有对萨满服饰的文字描述。如："尼山萨满头戴神帽、神盔，身穿八宝神衣，拴上神裙、腰铃，沿神帽系上飘带，手持神鼓，站在地上，高声颤动，大声摇动。"①再如另一个版本："尼山萨满身上拴上衣裙和腰铃，头戴九雀神帽，浑身开始颤动。但见她腰铃哗哗作响，手鼓声音阵阵，并轻声地歌唱。"②各种描述大体相同，只是在细节上略有差异。综合其描述，尼山萨满服饰主要有神帽、神衣、神裙、腰铃。

神帽上有多种饰物，其中的飞鸟象征着萨满可以在宇宙间自由飞翔，成为人与神之间沟通的使者。飞鸟数量越多表示萨满的级别越高，尼山萨满头戴九雀神帽，应该是很高的级别了。

神裙代表着云涛。

腰铃是萨满的重要法器，在远古时，腰铃是用石头制成的，后来改用铜、铁等制成，它的声音代表着风雷。萨满跳神时，腰铃哗哗作响，震人心魄，更增加了神秘感。

《尼山萨满》是满族早期的民间传说，经过千百年的流变，其内容打上了不同历史时期的烙印。当满文创制后，被人用满文记录下来。所以，其中描绘的萨满形象应该是满族先人时期的萨满。

三、清代黑龙江地区满族萨满服饰

清代前期，黑龙江地处边疆，远离中原，受汉文化影响较小，当地驻防的旗人保留了比较传统的民风民俗，萨满教活动也常见。

康熙时期，安徽桐城文士方登峄受戴名世《南山集》文字狱案牵连，被遣戍黑龙江卜魁（齐齐哈尔），在被流放期间，他读书吟诗，写下了大量诗作，反映当地的风土人情。其中《迎神词》写的就是满族人家跳神祭祖的事情，诗中咏道："囂囂击鼓摇銮铃，悬腰前彩舞莫停。"③"銮铃"即腰铃，"悬腰前彩"即神裙的飘带。两句诗描绘的正是萨满击鼓起舞的场面，鼓声咚咚，铃声叮当，飘带翻飞。

清代，黑龙江地区的满族萨满服饰主要由三部分组成，即上衣与坎肩、

---

① 赵志忠：《萨满的世界》，281页，沈阳，辽宁民族出版社，2001。
② 赵志忠：《萨满的世界》，337页，沈阳，辽宁民族出版社，2001。
③ 张玉兴：《清代东北流人诗选注》，482页，沈阳，辽沈书社，1988。

腰铃、神裙。

上衣多为白襟衫，外罩坎肩。式样比较简单，前胸与后背处也无繁杂的挂饰。这一点不同于鄂温克、达斡尔等民族。

腰铃由30～40个喇叭状的铁筒组合而成，用蛇皮、鹿皮、牛皮等做里衬。"五彩花蛇"皮腰铃最为讲究。"五彩花蛇"象征着太阳的光辉。萨满舞动时，身上的铁饰与腰铃相互撞击，发出扣人心弦的声音，似乎在撞击着心灵，使人深感神秘和震撼。

图9-16 萨满击鼓祭神

清人吴桭臣所著《宁古塔纪略》，描绘了宁古塔地区满族人家萨满祭神时的样子："以当家妇为主，衣服外系裙，裙腰上周围系长铁铃百数，手执纸鼓敲之，其声镗镗然，口诵满语，腰摇铃响，以鼓接应。"

神裙由衬裙和罩裙组成，衬裙分左右两片，每片呈上大下小。罩裙由围腰和飘带组合而成，围腰长30厘米左右，下垂众多飘带，飘带长度及地、上窄下宽①。每条飘带上都绣有各式图案，十分精美讲究，极富艺术美感和象征意义。飘带以红、黄、蓝、白为主要色彩，绿色次之。飘带数量多少代表着萨满的法力高低，飘带越多法力越高，多者可达百条。

满族萨满服饰经历了变迁的过程，自近代以来，在东北地区的满族，个别姓氏还偶有萨满祭祀活动，萨满服饰越来越简化，已无神帽，唯系神裙与腰铃。

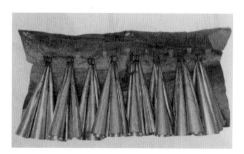

图9-17 腰铃

---

① 满懿：《旗装奕服》，30页，北京，人民美术出版社，2013。

第六节 赫哲族萨满服饰文化

赫哲族和其他的原始民族一样信仰萨满教，相信万物有灵，崇拜鬼神，认为天灾人祸冥冥中都是鬼神在主宰；日、月、星辰、山川、树木都由神在主管。他们认为人有三个灵魂，以此来解释人生的许多现象：人的睡眠、突然失去知觉或患精神病，是因为失去了"思想的灵魂"；人的死亡是因为"生命的灵魂"离去；人死而复活是因为"转生的灵魂"转入这个尸体；身体强壮的妇女不孕，是因为没有转生的灵魂。他们把宇宙分为上、中、下三界：上界是天堂，诸神所住；中界即人间，是人类繁衍之地；下界是地狱，为恶魔的住所。

在20世纪20年代末，时任中央研究院社会科学研究所研究员的凌纯声先生远赴松花江下游一带，对该地区的赫哲族进行了为期三个月的社会调查，之后整理编著了长篇民族志著作——《松花江下游的赫哲族》。他在这部书中记载了赫哲族萨满的服饰。

赫哲族萨满服饰包括神帽、神衣、神裙、神手套、神鞋、腰铃等。

一、神帽

神帽代表两种意义：一是萨满的品级；二是萨满的派别。

萨满的初级神帽，是用一个铁圈，外面包着兽皮或布，圈的下面坠以琉璃珠，珠下有流苏，数目不一，多者至十余根。以后按年进级，戴鹿角神帽，以鹿角叉数的多寡分品级的高下。鹿角的叉数分三叉、五叉、七叉、九叉、十二叉、十五叉六个级别。从初级神帽升到三叉鹿角的神帽，要经过两三年的时间，待升到十五叉鹿角神帽，需要四五十年的工夫。

赫哲族的萨满分为三派：河神派、独角龙派、江神派。三派的区分完全以帽子上的鹿角为标志：河神派帽上鹿角为左右各一枝；独角龙派左右各两枝；江神派左右各三枝。女萨满不戴鹿角神帽，所戴神帽的样子和初级神帽相似，不同的是在帽圈的外周围以荷花瓣儿的小片，下垂飘带。

神帽上的飘带有熊皮和布两种。布做的飘带长短不一，一般长60厘米。

飘带颜色亦不一，各色皆有。一条飘带由两节或三节接拼而成，代表萨满的神术后继有人。在帽后有一条特长的飘带，长约其他飘带的两倍，带子的末梢系一小铃铛，这条长带称作"脱帽带"，因为萨满脱帽时，不能将帽子直接放在炕上，需要有人拿着脱帽带，然后萨满用小木棒打鹿角，将帽子打下，同时拿着带子的人立刻把帽提起不使其坠地。皮带用有毛的熊皮剪成，通长无节，较布带略长。布带与皮带的数目，视萨满品级的高下而定多寡，五叉鹿角神帽才开始用皮带，最高级别十五叉鹿角神帽有布带52条、皮带19条。

神帽上的小摇铃，其数目也因萨满品级的高低而不同。三叉时有11个，五叉时有17个，十五叉时有19个。神帽前面正中有一面小铜镜，其功能是保护萨满的头，所以叫护头镜。在萨满神帽的鹿角中间有铜或铁制的一只鸠神。有时神帽上挂有求子袋。

二、神衣与神裙

早期的神衣是用龟、四足蛇（蜥蜴）、短尾四足蛇、蛇等动物皮拼接缝制而成的。到了近代已改用染成红紫色的鹿皮，再用染成黑色的软皮剪成上述各种爬虫的形状，缝贴在神衣上。神衣的前面有蛇六条，龟、虾蟆、四足蛇、短尾四足蛇各两条（只）；神衣的后面较之前面少两条短尾四足蛇。此外，在胸前和后背上挂有大铜镜。挂在胸前的称护心镜。护心镜大小不一，普通的直径约12厘米。挂在后背的称护背镜，直径为30厘米。

神裙式样较多，裙子上附属品的多少视萨满的品级而定。如裙子的飘带，初领神的新萨满有36条，前后各18条。在18条中，布条和獾毛皮条各9条，皮条缝在布条的上面。每条布带由1~4块布拼接而成，其寓意同帽上的飘带一样。裙子前幅上有铃铛若干个。一位老萨满的神裙通常是前幅有布飘带20条、皮带4条、铃铛9个、小铜镜5面，刺绣的动物有龟3只、蛇3条、四足蛇3条，有珠苏3串，求子袋9个；后幅只有铃铛4个。铜镜与腰铃是系在腰带上的，腰带用兽皮制作[①]。

三、神手套与神鞋

赫哲人从前用乌龟皮做手套，后改用狍皮或鹿皮制作，皮子染成红紫

---

① 凌纯声：《松花江下游的赫哲族》，118~121页，北京，民族出版社，2012。

色。式样和普通的手套相似，唯有边缘绲着黑皮边须，与普通手套稍有差异。两只手套上各缝有龟1只、四足蛇2条。萨满只有进级至五叉鹿角时方能用此物。

神鞋，以前用蛙皮制作，后改用野猪皮或者牛皮。式样与普通鱼皮鞋相同，鞋头绲有黑皮边须，如同神手套。鞋头面上系1个铃铛。萨满有时也穿神袜，神袜用狍、鹿皮做成，形同鞋，袜头边缘绲有黑皮边须，中间缝有黑皮剪成的龟形。戴五叉鹿角神帽的萨满才能穿神袜。

四、腰铃

萨满还要腰系铃铛，腰铃是长约18厘米的圆锥铁管，共计46个，以两个或三个为一组，穿在一小铁圈上，用皮带扣在一个长42厘米的黄牛皮上。牛皮宽32厘米，折转10厘米成两层，腰铃即扣在二层皮上，皮的中间穿一皮带，一边系在腰间。萨满跳神时，摇摆身体，腰铃也随之摇摆，发出喇喇声，与鼓声相应。

萨满的神器还有神鼓、鼓槌、神刀、神杖等。

第七节　其他民族萨满服饰文化

东北地区的少数民族，在历史上大多信仰过萨满教，只不过有的民族由于迁徙或者人口少等原因，时至今日，其萨满文化遗存已经较难寻觅，只能在书本里以及老人的回忆中去了解他们的萨满服饰文化。

锡伯族过去通常在治病消灾时请萨满跳神作法。萨满的弟子通常要经过三年学习并通过考试才能成为真正的萨满。考试的科目之一是上"刀梯"，锡伯语称为"查库尔"。上刀梯是锡伯族萨满教独有特点。刀梯分18级、25级、49级不等。只有上过刀梯的人才能取得人们的信服，成为萨满。

《沈阳锡伯族志》记载：萨满在跳神之前，先穿戴好衣帽和法具。萨满帽用铁片制成，帽子前面正中嵌一块镜子，名曰"照妖镜"，可驱鬼；帽子后面垂两条飘带。腰系神裙，用棉布制作，布裙外再围12条彩色飘带，每条飘带均绣有图案，腰间再系大小不等的13块铜镜。另外，胸前也挂一面镜子，称护心镜。萨满跳动时，击打萨满鼓，十几面铜镜相互碰撞，折射出耀眼的光芒，发出急促而清脆的声音。鼓声、镜子相撞的声音和折射出的光辉，显示出萨满的"神力"①。

　　清乾隆二十九年（1764），清廷为加强伊犁地区的防务，从盛京（沈阳）等地征调千余名锡伯族官兵，远赴伊犁屯田驻防，他们的后代就是现在新疆察布查尔锡伯族自治县、霍城县等地的锡伯人。那里还有锡伯族萨满的传承人。笔者在1987年赴察布查尔实习锡伯语时，见过萨满表演上刀梯，只可惜没留下影像资料。在霍城县，有位70多岁的萨满舞传承人名叫伊富英，她出生于萨满世家，其父亲就是萨满。伊富英自己制作的萨满舞服包括帽、披风、披肩、马甲、裙、靴。其中裙子最具特色，上面有14条彩带，代表着山、水、日、月、星辰等。虽然它现在只是老人家表演萨满舞时的道具，但从中我们仍然可以了解到萨满服饰的讯息。

图9-18　霍城县伊富英的萨满舞裙

　　萨满教作为原始宗教，在朝鲜族历史上也产生重要作用。朝鲜族称萨满教为"巫俗"、萨满为"巫堂"。生活在东北的朝鲜族还有巫堂，保留着艳丽的巫堂服饰。

　　世居东北地区的各少数民族，都曾经信仰过萨满教。但因各民族的发展道路不同，所处的生产和生活环境不同，所以，对萨满文化保留的程度不同。其中鄂温克、达斡尔、鄂伦春等民族因长期沿袭传统的生产和生活方

①　沈阳市民委民族志编纂办公室：《沈阳锡伯族志》，78页，沈阳，辽宁民族出版社，1988。

式，受外来文化影响较小，故而较完整地保留了萨满教的文化传统，其萨满服饰无论材质还是结构或配饰，均呈现出比较原生态的特点；而满族受汉族文化影响较大，又由于清统治者对萨满祭祀的规范化，所以，萨满服饰由繁到简，出现了大体一致的现象。

　　萨满服饰是萨满教观念的体现，同时具有实用功能和审美意义。透过萨满服饰，可以了解不同民族的历史与文化。

参考文献

［1］　司马迁.史记［M］.岳麓书社点校本.长沙:岳麓书社,2001.

［2］　班固.汉书［M］.中华书局点校本.北京:中华书局,1962.

［3］　刘昫,等.旧唐书［M］.北京:中华书局,1975.

［4］　欧阳修,等.新唐书［M］.北京:中华书局,1975.

［5］　徐梦莘.三朝北盟会编［M］.上海:上海古籍出版社,1987.

［6］　脱脱,等.金史［M］.中华书局点校本.北京:中华书局,1975.

［7］　宋濂,王祎,等.元史［M］.影印《二十五史》点校本.上海:上海古籍出版社,1978.

［8］　满洲实录［M］.台北华文书局影印本.台北:华文书局,1969.

［9］　中国第一历史档案馆,编译.锡伯族档案史料［M］.沈阳:辽宁民族出版社,1989.

［10］　杨同桂.沈故［M］//辽海丛书.第一册.沈阳:辽沈书社,1985.

［11］　项蕙修,清范勋.广宁县志［M］//辽海丛书.第四册.沈阳:辽沈书社,1985.

［12］　台隆阿,李翰颖.岫岩志略［M］//辽海丛书.第二册.沈阳:辽沈书社,1985.

［13］　戴梓.耕烟草堂诗钞［M］//辽海丛书.第二册.沈阳:辽沈书社,1985.

［14］　阿桂,等.盛京通志［M］.沈阳:辽海出版社,1997.

［15］　王树楠,等.奉天通志［M］.辽海出版社影印本.沈阳:辽海出版社,2003.

［16］　刘锦藻.清朝文献通考［M］.杭州:浙江古籍出版社,2000.

［17］　允禄,等.钦定满洲祭神祭天典礼［M］//辽海丛书.第五册.沈阳:辽沈书社,1985.

［18］　吴桭臣.宁古塔纪略［M］//王锡祺.小方壶斋舆地丛钞:第1帙.铅印本.上海:上海著易堂,1897:345.

［19］　萨英额.吉林外记［M］.长春:吉林文史出版社,1986.

［20］　西清.黑龙江外记［M］.杭州古籍书店影印本.杭州:杭州古籍书店,1985.

［21］ 昭梿.啸亭杂录［M］.北京:中华书局,1980.

［22］ 福格.听雨丛谈［M］.北京:中华书局,1984.

［23］ 姚元之.竹叶亭杂记［M］.北京:中华书局,1982.

［24］ 震钧.天咫偶闻［M］.北京:北京古籍出版社,1982.

［25］ 徐珂.清稗类钞［M］.北京:中华书局,1984.

［26］ 申忠一.建州纪程图记.辽宁大学历史系印本,1978.

［27］ 杜文凯.清代西人见闻录［M］.北京:中国人民大学出版社,1985.

［28］ 黑龙江省档案馆,黑龙江省民族研究所.黑龙江少数民族档案史料选编.内部发行,1985.

［29］ 北京大学世界遗产研究中心.世界遗产相关文件选编［M］.北京:北京大学出版社,2004.

［30］ 牟延林,谭宏,刘壮.非物质文化遗产概论［M］.北京:北京师范大学出版社,2010.

［31］ 民族文化宫展览馆.内蒙古、东北分册［M］//中国少数民族非物质文化遗产系列丛书.沈阳:辽宁民族出版社,2015.

［32］ 黄能馥,陈娟娟.中国服饰史［M］.上海:上海人民出版社,2004.

［33］ 殷广胜.少数民族服饰［M］.北京:化学工业出版社,2013.

［34］ 韦荣慧.中国少数民族服饰图典［M］.北京:中国纺织出版社,2013.

［35］ 陈见微.东北民俗资料荟萃［M］.长春:吉林文史出版社,1992.

［36］ 内蒙古自治区编辑组.鄂温克族社会历史调查［M］.呼和浩特:内蒙古人民出版社,1986.

［37］ 内蒙古少数民族社会历史调查组.黑龙江省呼玛县十八站鄂伦春民族乡情况.内部资料,1959.

［38］ 中国科学院民族研究所,黑龙江少数民族社会历史调查组.黑龙江省抚远县街津口村赫哲族调查报告.内部资料,1958.

［39］ 《民族问题五种丛书》辽宁省编辑委员会.辽宁省满族社会历史调查报告［M］.沈阳:辽宁人民出版社,1985.

［40］ 曹喆.中国北方古代少数民族服饰研究:元蒙卷［M］.上海:东华大学出版社,2013.

［41］ 罗布桑却丹.蒙古风俗鉴［M］.沈阳:辽宁民族出版社,1988.

［42］ 凌纯声.松花江下游的赫哲族［M］.北京:民族出版社,2012.

［43］ 张琳.赫哲族鱼皮艺术［M］.哈尔滨:哈尔滨工程大学出版社,2013.

［44］鄂晓楠,鄂·苏日台. 使鹿部落民俗艺术［M］. 海拉尔:内蒙古文化出版社,2011.

［45］宋兆麟. 最后的捕猎者［M］. 济南:山东画报出版社,2001.

［46］秋浦. 鄂伦春社会的发展［M］. 上海:上海人民出版社,1978.

［47］王瑞华,孙萌. 达斡尔族萨满服饰艺术研究［M］. 哈尔滨:黑龙江大学出版社,2012.

［48］吕萍,邱时遇. 达斡尔族萨满文化传承［M］. 沈阳:辽宁民族出版社,2009.

［49］太平武. 中国朝鲜族［M］. 银川:宁夏人民出版社,2012.

［50］董直祎. 朝鲜族［M］. 北京:外语教学与研究出版社,2011.

［51］黄有福. 朝鲜族［M］. 沈阳:辽宁民族出版社,2012.

［52］满懿. 旗装奕服:满族服饰艺术［M］. 北京:人民美术出版社,2013.

［53］曾慧. 满族服饰文化研究［M］. 沈阳:辽宁民族出版社,2010.

［54］金启孮. 满族的历史与生活［M］. 哈尔滨:黑龙江人民出版社,1982.

［55］中国民间文艺研究会. 满族民间故事选［M］. 沈阳:春风文艺出版社,1985.

［56］赵志忠. 萨满的世界［M］. 沈阳:辽宁民族出版社,2001.

［57］秋浦. 萨满教研究［M］. 上海:上海人民出版社,1985.

［58］李治亭. 关东文化史［M］. 沈阳:辽宁教育出版社,1998.

［59］李燕光. 满族通史［M］. 沈阳:辽宁民族出版社,1991.

［60］沈阳市民委民族志编纂办公室. 沈阳满族志［M］. 沈阳:辽宁民族出版社,1991.

［61］佟悦,陈峻岭. 辽宁满族史话［M］. 沈阳:辽宁民族出版社,2001.

［62］王筱雯. 盛京风物［M］. 北京:中国人民大学出版社,2007.

［63］赵展. 满族文化与宗教研究［M］. 辽宁民族出版社,1993.

［64］张玉兴. 清代东北流人诗选注［M］. 沈阳:辽沈书社,1988.

［65］张士尊. 清代东北移民与社会变迁1644—1911［M］. 长春:吉林人民出版社,2003.

［66］张杰,张丹卉. 清代东北边疆的满族［M］. 沈阳:辽宁民族出版社,2005.

［67］张丹卉. 辽宁文化通史·清代卷［M］. 大连:大连理工大学出版社,2009.

［68］张其卓. 满族在岫岩［M］. 沈阳:辽宁人民出版社,1984.

［69］杨锡春. 满族风俗考［M］. 哈尔滨:黑龙江人民出版社,1988.